江苏省水土保持遥感监管技术指导手册

Remote Sensing Regulatory Technical Guidance Manual for Soil and Water Conservation in Jiangsu Province

江 苏 省 水 文 水 资 源 勘 测 局
水利部交通运输部国家能源局南京水利科学研究院 编著

河海大学出版社
HOHAI UNIVERSITY PRESS
·南京·

图书在版编目(CIP)数据

江苏省水土保持遥感监管技术指导手册 / 江苏省水文水资源勘测局，水利部交通运输部国家能源局南京水利科学研究院编著. -- 南京 : 河海大学出版社，2023.5
ISBN 978-7-5630-8228-5

Ⅰ. ①江… Ⅱ. ①江… ②水… Ⅲ. ①基本建设项目—水土保持—监测—江苏—手册 Ⅳ. ①S157-62

中国国家版本馆 CIP 数据核字(2023)第 083542 号

书　　名 江苏省水土保持遥感监管技术指导手册
JIANGSU SHENG SHUITU BAOCHI YAOGAN JIANGUAN JISHU ZHIDAO SHOUCE
书　　号 ISBN 978-7-5630-8228-5
责任编辑 彭志诚
文字编辑 陈晓灵
特约校对 薛艳萍
装帧设计 云林松风
出版发行 河海大学出版社
地　　址 南京市西康路 1 号(邮编:210098)
电　　话 (025)83737852(总编室)　(025)83722833(营销部)
经　　销 江苏省新华发行集团有限公司
排　　版 南京布克文化发展有限公司
印　　刷 广东虎彩云印刷有限公司
开　　本 718 毫米×1000 毫米　1/16
印　　张 8.25
字　　数 140 千字
版　　次 2023 年 5 月第 1 版
印　　次 2023 年 5 月第 1 次印刷
定　　价 59.00 元

前言 Preface

水土保持是我国生态文明建设的重要内容，是生态安全、江河保护的根本保障，是全面推进乡村振兴的重要基础。自党的十八大以来，我国水土保持工作全面贯彻习近平生态文明思想，积极践行“绿水青山就是金山银山”的理念，预防和治理多措并举，水土流失面积和强度持续呈现出“双下降”态势。但是，我国水土流失防治成效还不稳固，防治任务仍然繁重。党的二十大强调，推动绿色发展，促进人与自然和谐共生。新征程上，全面推进中国式现代化江苏新实践，努力把江苏建成美丽中国的省域范例，因此对全省水土保持工作提出了新的更高要求。

根据 2022 年江苏省水土流失动态监测结果，生产建设项目等人为扰动引起的水土流失是江苏水土流失的主要原因，控制人为水土流失的发生，加强人为水土流失的监管，是江苏省水土保持工作的重要内容之一。2023 年 1 月，中共中央办公厅、国务院办公厅印发的《关于加强新时代水土保持工作的意见》明确要求：建立以遥感监管为基本手段、重点监管为补充、信用监管为基础的新型监管机制。全覆盖、常态化开展水土保持遥感监管，全面监控、及时发现、精准判别人为水土流失情况，依法依规严格查处有关违法违规行为。

2023 年 2 月，江苏省水土保持生态环境监测总站和南京水利科学研究院联合编制了《江苏省水土保持遥感监管技术指导手册》。该手册主要包括水土保持遥感监管概述、工作平台、扰动图斑解译、图斑现场核查、项目合规性判定、不合规项目查处整改、常见问题共七章内容，明确了水土保持遥感监管的工作内容、工作流程和工作方法，对工作中出现的常见问题进行了分析和解答，为进一步提升江苏水土保持遥感监管工作水平提供了技术指导。

本书共有 7 个章节，具体编写分工为：全书的体例结构及统稿工作由童建负责;前言由童建负责编写;第 1 章由童建、金秋、李盟负责编写;第 2 章由耿韧、徐春、谢梅香、雷少华负责编写;第 3 章由吴芳、姚露露、潘富伟负责编写;第 4 章由李盟、郭红丽、张嫱负责编写;第 5 章由李盟、郭红丽、周岩负责编写;第 6 章由李盟、童建、张雪负责编写;第 7 章由郭红丽、童建、李盟负责编写。

本手册中未尽的及新增的工作内容、问题,以最新相关文件要求为准。

目录

contents

1 概述

水土保持是江河保护治理的根本措施，是实施乡村振兴的重要内容，是生态文明建设的必然要求。按照中共中央办公厅、国务院办公厅印发的《关于加强新时代水土保持工作的意见》(中办发〔2022〕68 号)要求，遥感监管是新型监管机制的基本手段。全覆盖、常态化开展水土保持遥感监管，全面监控、及时发现、精准判别人为水土流失情况，依法依规严格查处有关不合规行为，加大对造成水土流失的生态破坏行为的惩治力度，对造成生态环境损害的，依法依规严格追究生态环境损害赔偿责任。

1.1 江苏省水土流失概况

江苏地处中国东部沿海地区中部，长江、淮河下游，东濒黄海，北接山东，西连安徽，东南与上海、浙江接壤，是长江三角洲地区的重要组成部分。江苏省多年平均降水量为 800～1 100 mm，降雨量大，暴雨强度高、历时短、地表径流大，为水土流失提供了动力条件。丘陵岗地区地形起伏、坡度较大，平原沙土区土壤结构松散、抗蚀能力弱，在降雨和风力作用下易产生水土流失。区域内经济发达，生产建设活动扰动强烈，人为水土流失问题突出。

2022 年，江苏省水土流失动态监测结果显示，江苏省现有水土流失面积 2 165.15 km^2，占全省总面积的 2.11%，包含水力侵蚀 2 164.93 km^2，风力侵蚀 0.22 km^2。其中，轻度侵蚀面积 1 981.94 km^2，占水土流失面积的 91.54%；中度侵蚀面积 152.69 km^2，占水土流失面积的 7.05%；强烈侵蚀面积 28.18 km^2，占水土流失面积的 1.3%；极强烈侵蚀面积 2.04 km^2，占水土流失面积的 0.09%；剧烈侵蚀面积 0.3 km²，占水土流失面积的 0.01%。从空间分布来看，水土流失主要发生在山区和丘陵区；从土地利用类型看，水土流失主要发生在人为扰动用地、旱地、有林地等地类。其中，人为扰动用地流失面积最大，为 589.54 km²。因人为扰动产生的水土流失是江苏省水土流失的主要原因之一，控制人为水土流失发生，加强人为水土流失监管，是江苏省水土保持工作的重要内容之一。

1.2 水土保持遥感监管发展历程

2015 年，水利部办公厅印发了《全国水土保持信息化工作 2015—2016 年实施计划》，正式启动生产建设项目水土保持"天地一体化"监管示范工作，即生产建设项目水土保持遥感监管。根据水利部总体部署，江苏省水土保持生态环境监测总站在徐州市铜山区试点生产建设项目遥感调查工作，利用高分辨率遥感影像，解译生产建设活动中的扰动图斑，结合生产建设项目水土保持方案分析其合规性，以信息化手段对人为水土流失开展监管，2017 年扩大至徐州市市辖区范围。

2019 年，为践行新时期水利改革发展总基调，充分利用先进手段提高监管效能，严肃查处水土保持不合规行为，水利部办公厅下发了《关于开展 2019 年生产建设项目水土保持遥感监管工作的通知》（办水保函〔2019〕756 号），启动实施了生产建设项目水土保持监管遥感解译与判别项目，依托遥感和信息技术，在全国范围内发现"未批先建""未批先弃"等不合规生产建设项目，及时查处水土保持不合规行为，有效管住人为水土流失。同年，在完成水利部下发疑似违法违规扰动图斑现场复核的基础上，江苏省首次开展了一次覆盖全省的加密监管工作。

2021 年，江苏省根据《水利部办公厅关于推进水土保持监管信息化应用工作的通知》（办水保〔2019〕198 号）要求，强化水土保持遥感监管工作力度。2022 年，省级遥感监管次数增加至三次，实现每季度一次遥感监管。

江苏省全面推进信息化技术手段在水土保持强监管工作中的应用，使水土保持监管工作取得了新成效。按照水利部办公厅《关于开展 2019 年生产建设项目水土保持遥感监管工作的通知》要求，充分利用卫星遥感信息化手段，实施生产建设项目水土保持遥感监管，开展现场核查、项目合规性认定和不合规项目查处整改等工作。

1.3 遥感监管现阶段主要问题

1.3.1 基本概念需要进一步深化理解

水土保持遥感监管工作涉及的概念较多，既有专业词汇，又需要操作软件系统，全部理解透彻有一定难度。加上各级水行政主管部门人员调动较为频繁，缺乏对此项工作的全面系统理解。

1.3.2 操作系统需要进一步熟练掌握

江苏省水土保持遥感工作需要使用国家级和江苏省级两套系统，分别包含一个桌面系统和一个手机 App 软件，两套系统在功能细节上略有不同，各级水行政主管部门在使用系统开展工作时仍然存在使用不熟练的情况，对工作效率和工作质量造成了影响。

1.3.3 技术要求需要进一步全面统一

自 2019 年首次开展覆盖江苏全省的水土保持遥感监管工作以来，已积累了大量处置不合规项目的工作经验，但各地的实际情况错综复杂，不同项目的问题也各不相同，一直以来没有统一的技术要求，不能更好地指导各地开展工作。

1.4 编制目的与适用范围

根据水利部和江苏省水利厅关于水土保持遥感监管的工作要求，江苏省水土保持生态环境监测总站和南京水利科学研究院共同编写了《江苏省水土保持遥感监管技术指导手册》，用于指导江苏省水土保持遥感监管工作，深化疑似违法违规扰动图斑现场核查、项目合规性及风险认定、不合规项目及风险项目查处整改等工作，提高水土保持遥感监管工作质量。

本手册适用于江苏省国家级和省级水土保持遥感监管疑似违法违规扰动图斑核查、认定、查处、整改工作。

在开展江苏省水土保持遥感监管各项工作时，除应符合本手册要求外，还应符合上级有关部门发布的最新技术要求，二者内容存在不一致或未涉及的，以上级部门发布的要求为准。

1.5 相关术语与定义

1.5.1 国家级图斑

由水利部组织解译和下发的生产建设活动疑似违法违规扰动图斑。

1.5.2 省级图斑

由江苏省水利厅组织解译和下发的生产建设活动疑似违法违规扰动图斑。

1.5.3 图斑现场核查

对本辖区内下发的疑似"未批先建""未批先弃""超出防治责任范围"和"疑似风险"等情况的扰动图斑开展现场调查、取证工作，同时判断图斑是否属于生产建设项目。

1.5.4 项目合规性认定

在现场核查的基础上对生产建设项目合规性进行认定，认定结果分为合规项目和不合规项目两类。

1.5.5 风险图斑（项目）及认定

风险图斑（项目）指现场疑似存在水土流失风险或已经发生水土流失的图斑（项目）。

在现场核查阶段对疑似风险图斑是否存在水土流失风险进行认定，认定结果分为无风险和存在风险两类，涉及风险图斑的项目即为风险项目。

1.5.6 不合规项目查处

对已认定的不合规项目或风险项目下达整改意见或立案查处。

1.5.7 不合规项目整改

不合规项目的建设单位按照整改意见（或执法文书）要求，限期完成整改（或结案）。

2 工作平台

图斑现场核查、项目合规性认定、不合规项目查处整改，全面依托监管平台(包括电脑桌面端软件和移动端 App)交互信息。其中，国家级图斑依托“生产建设项目水土保持信息化监管平台”，省级图斑依托“江苏省水土保持监测与管理信息系统”。

2.1 国家级图斑工作平台

2.1.1 桌面端下载安装

访问北京地拓科技发展有限公司主页(http://www. dtgis. com/)，进入“下载中心”下载地拓桌面软件库(3＃)(图 2-1)，选择安装“生产建设项目水土保持信息化监管”(图 2-2 和图 2-3)，安装后进入生产建设项目水土保持信息化监管服务平台桌面端界面(图 2-4)。

图 2-1 国家级图斑工作平台下载

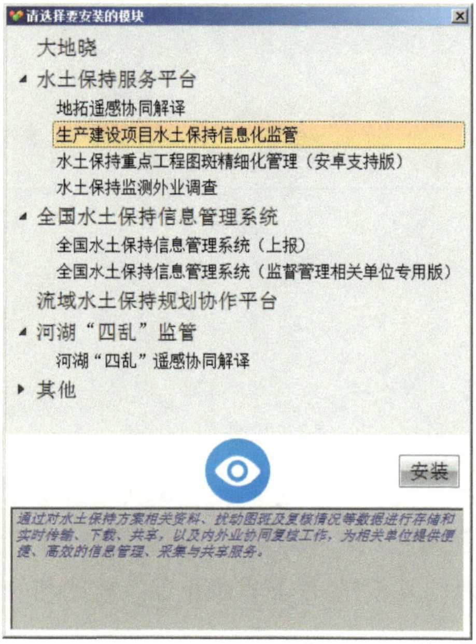

图 2-2　地拓桌面软件库(3＃)

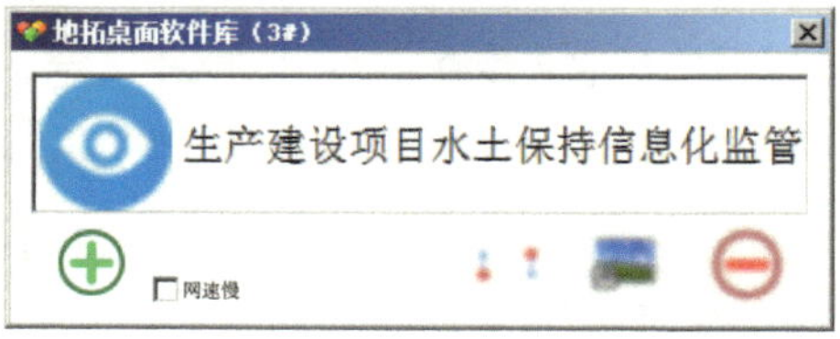

图 2-3　地拓桌面软件库(3＃)

图 2-4　生产建设项目水土保持信息化监管平台桌面端

2.1.2 移动端下载安装

访问北京地拓科技发展有限公司主页(http://www.dtgis.com/),进入"下载中心",用手机浏览器扫码工具扫描二维码(图 2-5)安装区域监管 App,安装后进入生产建设项目水土保持信息化监管平台移动端(图 2-6)。

图 2-5 区域监管 App 下载

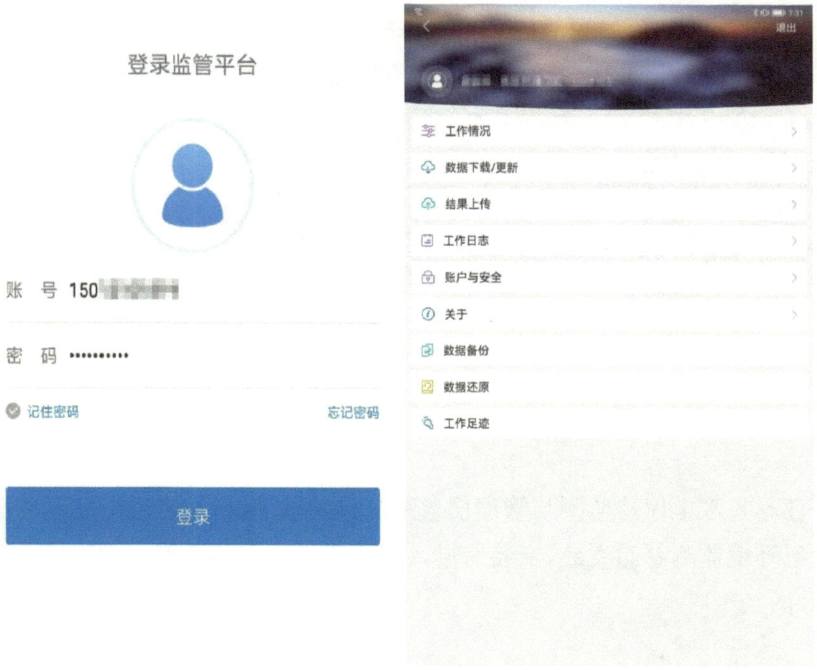

图 2-6 生产建设项目水土保持信息化监管平台移动端

2.1.3 账号申请

账号由水利部水土保持监测中心统一注册管理，需要申请账号的用户统一由江苏省级提交相关信息至水利部水土保持监测中心后即可完成注册。

2.2 省级图斑工作平台

2.2.1 平台网址

在江苏水利专网环境下输入网址 http://10.32.37.24:9060/，登录江苏省水土保持监测与管理信息系统网页端（图 2-7），输入用户名和密码进入界面后选择“区域监管”模块。

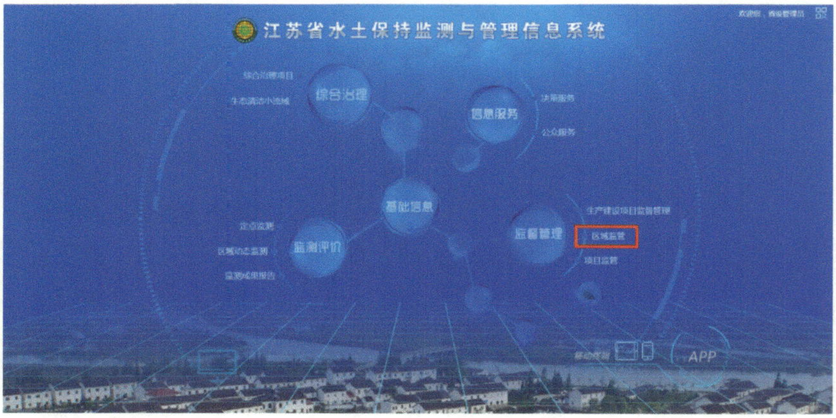

图 2-7　江苏省水土保持监测与管理信息系统网页端

2.2.2 移动端下载安装

江苏省水土保持监测与管理信息系统移动端 App 安装包由江苏省水土保持生态环境监测总站发放，安装后进入江苏省水土保持监测与管理信息系统移动端（图 2-8）。

图 2-8　江苏省水土保持监测与管理信息系统移动端

2.1.3　账号申请

账号由江苏省水土保持生态环境监测总站统一注册管理，需要申请账号的用户提交相关信息后即可完成注册。

3 扰动图斑解译

3.1 资料收集与处理

（一）水土保持方案资料

1）资料收集

资料收集包括本底资料收集和年度更新资料收集两部分。本底资料是指各级水行政部门首次开展信息化监管工作时收集的历年批复的生产建设项目水土保持方案报告书(报批稿)、报告表、登记表、批复文件、防治责任范围图等资料。年度更新资料是指建立本底数据库后，每年批复的生产建设项目水土保持方案等相关资料。

电子资料按原格式存储，纸质版资料应扫描方案特性表、防治责任范围图和水土保持方案批复文件等，图件资料扫描要求彩色，分辨率为 300 dpi，清晰无变形，以 JPG 格式存储；文字资料扫描后清晰可辨，以 PDF 格式存储。

资料整理成果分级存放目录如下：

①一级目录

命名方式：(监管区域)水土保持方案资料

②二级目录

包括生产建设项目汇总表和三级目录。三级目录以“批复文号＋年度顺序号＋项目名称”的方式命名。

③三级目录

本目录下包含以下资料：

a. 水土保持方案报批稿，命名方式："批复文号＋生产建设项目名称＋FA"，格式：PDF 或 Word。

b. 防治责任范围图，命名方式："批复文号＋生产建设项目名称＋FW"，格式：SHP、DWG 或 JPG。

c. 方案批复文件，命名方式："批复文号＋生产建设项目名称＋PF"，格式：PDF。

d. 水土保持方案特性表，命名方式："批复文号＋生产建设项目名称＋TX"，格式：PDF 或 JPG。

④命名时，如批复文号和项目名称中存在"/""〔〕"特殊符号而导致无法保存的情况，将特殊符号删除，并新增备注文件进行说明。

2）设计资料矢量化

在进行生产建设项目遥感调查之前，首先明确需要调查的生产建设项目的水土流失防治责任范围、防治分区、水土保持措施布局。将生产建设项目的水土流失防治责任范围、防治分区、水土保持措施布局进行空间化和图形化处理，采用空间定位、地理配准、几何校正等方法，将防治责任范围、防治分区、水土保持措施布局配准到正确的地理位置上，并使其具有相应的地理空间坐标信息。采用人机交互方式来绘制防治责任范围、防治分区、水土保持措施布局的边界，生成面状图形，录入相关属性信息，获取具有空间地理信息和属性信息的矢量图。

其具体流程如下：

（1）防治责任范围、防治分区、水土保持措施布局空间文件的获取

防治责任范围、防治分区、水土保持措施布局主要有纸质扫描图、DWG 格式图以及用控制点坐标表示范围等多种类型，部分防治责任范围、防治分区、水土保持措施布局没有相关坐标信息，无法满足矢量化要求。故针对不同类型，提出不同矢量化方法。

①防治责任范围、防治分区、水土保持措施布局以控制点坐标来表示：在地理信息软件中，直接将控制点信息转化为 SHP 格式（polygon）矢量文件，然后进行坐标转换。

②防治责任范围、防治分区、水土保持措施布局为扫描栅格图（JPG 格式）：矢量化过程包括初步定位、精确配准、边界勾绘等步骤。

③防治责任范围、防治分区、水土保持措施布局为矢量图（DWG 格式，有

地理坐标信息):矢量化过程仅包括格式转换和坐标转换。

④防治责任范围、防治分区、水土保持措施布局为矢量图(DWG 格式,没有地理坐标信息),矢量化过程包括栅格化、初步定位、地理配准、防治责任范围、防治分区、水土保持措施布局的边界勾绘等步骤。

⑤不符合矢量化要求的防治责任范围、防治分区、水土保持措施布局图,需注明"示意性上图"。

点型项目以项目中心点为圆心,绘制一个直径为 100 m 的圆形,并填写相应属性,同时应在备注中注明"示意性上图";线型项目根据项目走向、经纬度等信息,绘制示意性的面状图形,并填写相应属性,同时应在备注中注明"示意性上图"。

(2) 属性录入

按照《生产建设项目水土保持信息化监管技术规定(试行)》的要求,录入项目名称、建设单位、批复机构、批复文号、批复时间、防治责任面积等属性信息缺失的项目(见图 3-1)。

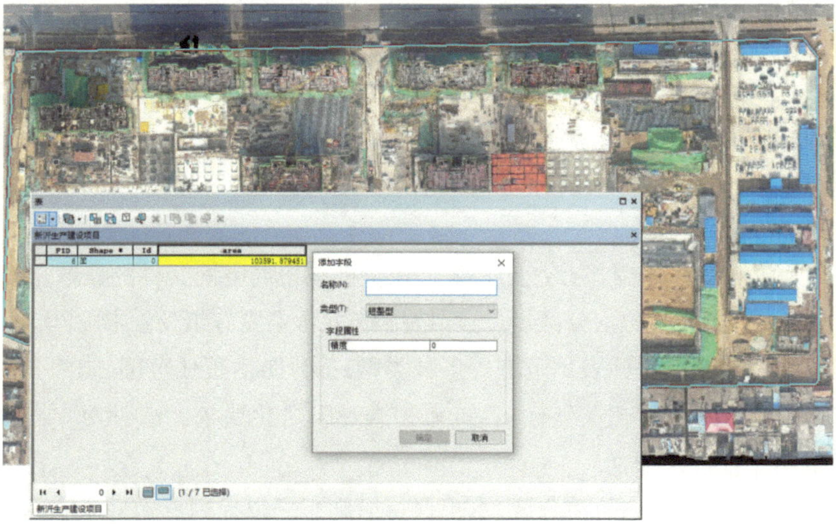

图 3-1 属性录入

(二) 遥感影像资料

1) 遥感影像收集

按照项目精度要求和后续沟通达成的意见,收集江苏省范围内空间分辨率优于 2.0 m 的影像，其属性应满足《生产建设项目水土保持信息化监管技术规定(试行)》的规定。江苏遥感影像示意图详见图 3-2。

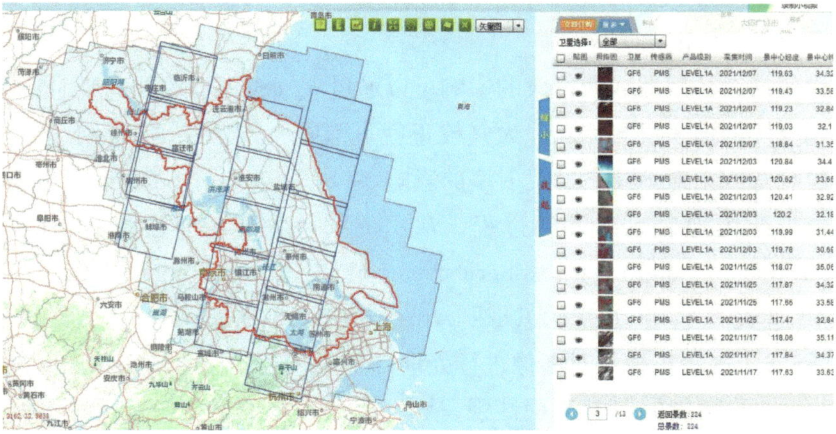

图 3-2 江苏遥感影像示意图

2) 遥感影像处理与镶嵌

对遥感影像进行预处理，以满足生产建设项目扰动图斑遥感解译要求；同时，区域涉及多景影像镶嵌拼接的，应保留遥感影像镶嵌线矢量文件，记录镶嵌影像的时相和接边等信息。

对遥感影像依次开展辐射定标、大气校正、几何校正及信息增强、融合、镶嵌等处理。

(1) 辐射定标

辐射定标是指消除遥感影像数据中依附在辐射亮度里的各种失真(噪声)的过程。其目的是消除传感器系统本身、大气及太阳高度角等造成的干扰，从而得到真实反射率的数据，是大气校正的准备过程。遥感影像数据的记录形式通常是无量纲的数字量化值(Digital Number，DN)，通过辐射定标进行遥感定量化分析，可以实现 DN 值与辐射亮度值(发射率)、表面温度值和地表反射率值等物理量的转化。本书定标类型选择辐射亮度值，按照公式进行定标：

$$L = Gain \times DN + Offset$$

式中：L 为辐射亮度值，$Gain$、$Offset$ 为辐射定标的增益、偏移参数，单位均为 $W/(m^2 \cdot sr \cdot \mu m)$，DN 为像元灰度值，无量纲。

通过 Radiometric Correction 中的 Radiometric Calibration 工具进行相关参数设置，定标类型选择辐射亮度值(Radiance)，输出数据类型为 Float，系数为 0.1，并将辐射定标数据结果进行保存并输出。

(2) 大气校正

大气层对传感器成像造成的影响可以通过大气校正有效减少或消除，从而获取到真实的地表反射信息。大气校正就是消除大气效应、氧气、水蒸气和其他颗粒物等因素对地物真实反射率的影响，将辐射定标后的表观反射率或辐射亮度值转化为地表反射率的过程。常用的两种大气校正工具为 FLAASH (Fast Line-of-sight Atmospheric Analysis of Spectral Hypercubes)校正工具和快速大气校正工具(QUick Atmospheric Correction，QUAC)。选用 FLAASH 大气校正模型对影像进行处理，模型基于太阳波谱范围内(不包括热辐射)和平面朗伯体，具有适用性强、精度高、效率好的优点。在传感器处接收的像元光谱辐射亮度公式为：

$$L = \left(\frac{A \times \rho}{1-\rho_e \times S}\right) + \left(\frac{B \times \rho}{1-\rho_e \times S}\right) + (L_a)$$

式中，L 为总辐射亮度；ρ 为像素表面反射率；ρ_e 为像素周围平均表现反射率；S 为大气球面反照率；L_a 为大气球面反射；A、B 取决于大气条件和几何条件。通过 Radiometric Correction 中的 Atmospheric Correction Module，选择 FLAASH Atmospheric Correction 工具，导入经过辐射定标后的数据进行大气校正处理，影像区域的平均高程通过软件自带的全球高程数据进行计算。经过大气校正后，图像亮度、清晰度、层次感和纹理信息都有所增强。

(3) 信息增强和融合

为了获取最佳的影像视觉效果，采用多种融合方法进行全色影像与多光谱影像的融合。

将多光谱数据与高分辨率进行全色影像融合，提高遥感影像的清晰度。根据不同的数据组合选择多种融合方法进行试验，融合后，影像在视觉上不能出现重影现象，否则需重新纠正配准。

(4) 镶嵌

对遥感影像的全色波段和多光谱波段进行纠正，再进行遥感影像镶嵌。影像镶嵌包括使用图像快视系统进行影像抽稀，创建快视影像工程，自动生成镶嵌线。

3）影像要求

处理后的遥感影像应满足如下要求：

（1）经过正射校正的遥感数据产品，地物特征点相对于基础控制数据上同名地物点的点位中误差，平地、丘陵地区不大于 1 个像元，山地和高山地区不大于 2 个像元。特殊地区可放宽 0.5 倍（特殊地区指大范围林区、水域、阴影遮蔽区、沙漠、戈壁、沼泽或滩涂等）。取中误差的两倍为其限差（参考《土地利用动态遥感监测规程》TD/T 1010—2015）。

（2）成果影像的大地基准采用 CGCS 2000 国家大地坐标系统（参照 GB 22021—2008）。

高程基准采用 1985 国家高程基准（参照 GB 22021—2008）。当成图比例尺大于等于 1∶10 000 时，采用 3°分带；当成图比例尺小于 1∶10 000 时，采用 6°分带（参照 TD/T 1010—2015）。

（3）影像的清晰度、层次感、色彩饱和度、信息丰富度好，扰动图斑影像特征与其他地物差异明显。

（4）不同数据源影像经信息增强处理后，同一监管区域的影像色彩、整体效果与上一期影像一致。

（5）影像镶嵌接边处位置偏差满足如下要求：平地、丘陵地相邻影像重叠误差限差不应大于 2 个像元；山地、高山地误差限差不应大于 4 个像元（参照 TD/T 1010—2015）。镶嵌处理后的遥感影像为 TIFF 格式。

（6）遥感影像成果应符合安全保密相关规定。

遥感影像成果和镶嵌线文件命名方式如下：

①遥感影像成果命名：覆盖项目区的遥感影像成果以“XXXXXX_YYYYQQ_＊＊项目.TIFF”格式命名。其中，“XXXXXX”为不同监管级别的行政区划代码，以国家统计局网站公布的最新行政代码为准，江苏省水行政主管部门监管项目应填写 320000；“YYYYQQ”表示 YYYY 年开展第 QQ 期生产建设项目水土保持监管工作；＊＊项目表示项目名称，如江苏省 2022 年第一期＊＊项目监管工作使用的遥感影像命名为“320000_202201_＊＊项目.TIFF”。

②镶嵌线文件命名：“XQX_XXXXXX_YYYYQQ_＊＊项目”。XQX 为“镶嵌线”拼音首字母；“XXXXXX”为不同监管级别的行政区划代码，以国家统计局网站公布的最新行政代码为准，江苏水行政主管部门监管项目应填写 320000；“YYYYQQ”表示 YYYY 年开展第 QQ 期生产建设项目水土保持监管

工作；＊＊项目表示项目名称。

3.2 解译标志建立

影像的解译标志是遥感图像上能直接反映和判别地物信息的影像特征。根据遥感影像特征（图像的色调、纹理、结构、形状、分布等信息）和野外实地调查结果，建立江苏省不同类型的生产建设项目解译标志。

解译标志建立具体步骤为：

（1）选取具有代表性的不同类型的典型生产建设项目；

（2）在遥感影像上勾绘出生产建设项目边界，标记照片拍摄地点；

（3）按照要求截取带有标记的遥感影像和实地拍摄照片，制作生产建设项目解译标志表格，填写生产建设项目解译标志图斑编号、位置、影像特征等信息。

3.3 扰动图斑提取

基于预处理后的高分辨率遥感影像，采用人机交互解译法，对生产建设扰动情况进行解译勾绘，并进行属性录入工作。

解译具体流程如下：

（1）建立扰动图斑 SHP 格式矢量文件，并根据扰动图斑属性表结构的具体要求建立矢量文件属性表。见图 3-3。

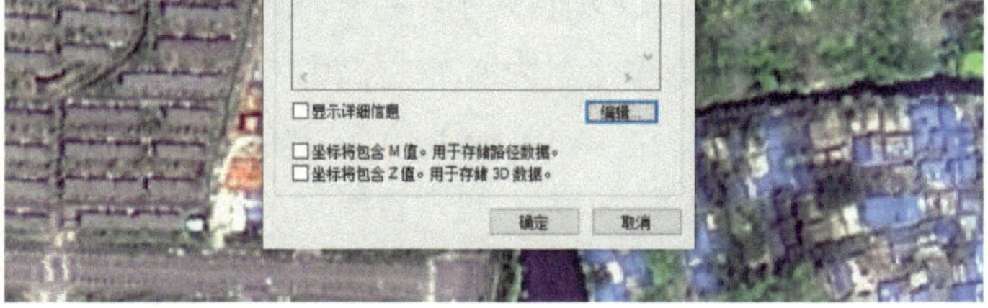

图 3-3　创建矢量文件

(2) 参考解译标志，根据以往项目经验，人工判读、勾画出生产建设项目扰动图斑，并初步判断、填写扰动图斑的相关属性信息。

(3) 对比往期影像，将之前漏判以及“无中生有”的图斑进行补充勾绘，以减少图斑的漏判。“无中生有”的图斑即前一期无建设痕迹，因项目建设周期短，当前已经建成的项目图斑。影像示例见图 3-4。

往期影像	当期影像
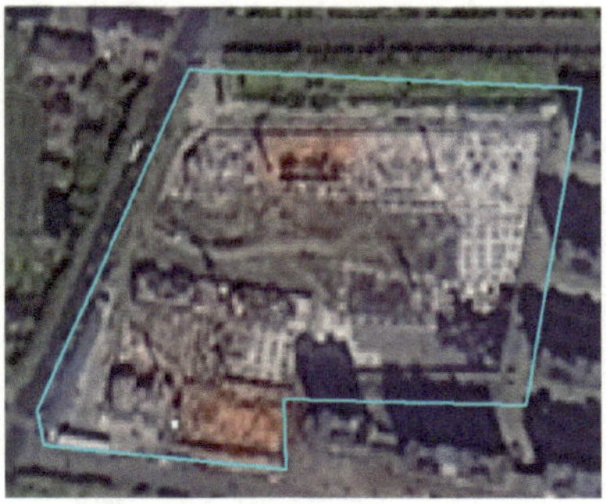	
漏判项目	

“无中生有”项目	

图 3-4　历史影像对比示意

(4) 对比两期遥感影像，将扰动图斑分为现场复核图斑和重点预防图斑。分等级、分阶段地下发图斑，能够有效减少基层现场复核的工作量，避免后续一系列流程的开展。另一方面，重点预防图斑也是地方水行政主管部门需要加强关注的对象，可以通过已下发的图斑位置提前介入，以降低“未批先建”的违规率。结合历史遥感影像，将以下两类图斑定为重点预防图斑：①建筑物拆迁，且未有新建迹象；②对比历史影像无变化且无明显的施工特征（长期未苫盖或长期苫盖）。重点预防图斑示意见图 3-5。

历史影像	当期影像

拆迁类图斑	

长期未苫盖图斑	

长期苫盖图斑	

图 3-5　重点预防图斑示意

(5) 由项目负责人对扰动图斑遥感解译结果进行全面审查，对审查不合格的返回修改，修改完成后形成扰动图斑解译结果。

(6) 合规性判断

对满足防治责任范围矢量化要求的项目进行合规性初步分析，将监管区域扰动图斑矢量图(用"Y"表示，虚线)与防治责任范围矢量图(用"R"表示，实线)进行空间叠加分析，初步判定生产建设项目的扰动合规性。

利用 GIS 软件空间叠加分析工具，对监管区域生产建设项目水土流失防治责任范围矢量图与扰动图斑矢量图进行空间叠加分析，扰动合规性初步分析结果包括以下几种情况：

① 扰动图斑包含防治责任范围或扰动图斑与防治责任范围相交，初步判定为"疑似超出防治责任范围"。示例见图 3-6。

图 3-6 疑似超出防治责任范围

② 空间叠加结果只有扰动图斑没有防治责任范围的项目，可以将扰动合规性初步判定为两种情况：a. 疑似未批先建；b. 疑似建设地点变更。示例见图 3-7。

图 3-7　疑似未批先建

③ 空间叠加结果只有防治责任范围没有扰动图斑的项目可能存在三种情况：a. 项目未开工；b. 项目已完工；c. 疑似建设地点变更。进行合规性初步分析时，判定为“合规”。示例见图 3-8。

图 3-8　项目合规

④ 空间叠加结果扰动图斑包含于防治责任范围的项目，初步判定为“合规”。示例见图 3-9。

图 3-9 项目合规

3.4 疑似违法违规图斑下发

国家级图斑由水利部水土保持监测中心组织开展解译工作，图斑通过生产建设项目水土保持信息化监管平台桌面端下发到各县(市、区)。江苏省水土保持生态环境监测总站负责组织各县级水行政主管部门工作人员在平台注册，并将辖区内图斑分配至各自账号。

省级图斑由江苏省水土保持生态环境监测总站组织开展解译工作，图斑通过江苏省水土保持监测与管理信息系统网页端下发到各县级水行政主管部门账号。

4 图斑现场核查

4.1 生产建设项目扰动界定

1）生产建设项目界定：应在政府发展和改革部门或其他依法依规具有审批权限的部门立项（包括审批、核准或备案）的项目属于生产建设项目，分类详见附件 2。特殊情况的处理意见如下：

（1）废弃矿山、停工烂尾、政策性关停等项目应界定为生产建设项目（图 4-1），并将相关情况摸清，需交由当地人民政府或其他相关职能部门处理的，移交处理文书等可作为佐证材料。

（2）应立项但未立项的项目，如非法采矿、违法建设等，应界定为生产建设项目（图 4-1），并开展核查认定，需交由当地人民政府或其他相关职能部门处理的，移交处理文书等可作为佐证材料。

废弃矿山项目

停工烂尾项目

政策性关停项目

非法采矿

图 4-1 生产建设项目

2）非生产建设项目界定：无须立项的生产建设活动或自然因素造成的扰动，不属于生产建设项目范畴。

（1）生产建设活动扰动（图 4-2）包括但不限于政府预留用地、农民建房、乡间小道、农业大棚、农事耕作、零星取（堆）土、垃圾堆放地、非项目废弃场地等。

政府预留用地

农民建房

乡间小道

农业大棚

农事耕作

零星取(堆)土

垃圾堆放地

非项目废弃场地

图 4-2　生产建设活动

(2) 自然扰动包括但不限于自然滑坡体、自然裸露面、自然撂荒地、退化草场、盐碱地、荒草地、河滩等自然地貌(图 4-3)。

自然滑坡体

自然撂荒地

河滩

盐碱地

图 4-3　自然扰动

4.2　风险图斑界定

对疑似存在水土流失风险或已经发生水土流失的图斑判定为存在风险图斑(图 4-4),包括但不限于施工裸露面积大、损毁植被面积大、无水土保持措施或有措施但未发挥效益、乱倒乱弃或顺坡溜渣或河道弃渣、对周边产生水土流失危害等情况。

图 4-4　疑似风险图斑

4.3 扰动图斑类型判别

根据现场情况判别扰动图斑类型。扰动图斑类型分为施工扰动、弃渣场、非生产建设项目扰动 3 类。

施工扰动是指生产建设项目施工形成的挖、填、堆等形式的地面扰动(不含弃渣场),包括生产建设项目正在施工以及以往施工形成的扰动。弃渣场是指生产建设中产生的弃土、弃石、弃渣等的专门堆放场地。

若为施工扰动、弃渣场等生产建设项目扰动,需进一步收集项目相关资料、填写图斑属性信息、关联项目、判别图斑扰动合规性、调查现场是否采取有效的水土保持措施、采集现场照片(图 4-5)。扰动图斑属性信息填报要求见表 4-1。若为非生产建设项目扰动,则点选非生产建设项目扰动图斑类型(图 4-6),采集现场照片。

<table>
<tr>
<td>

</td>
<td>
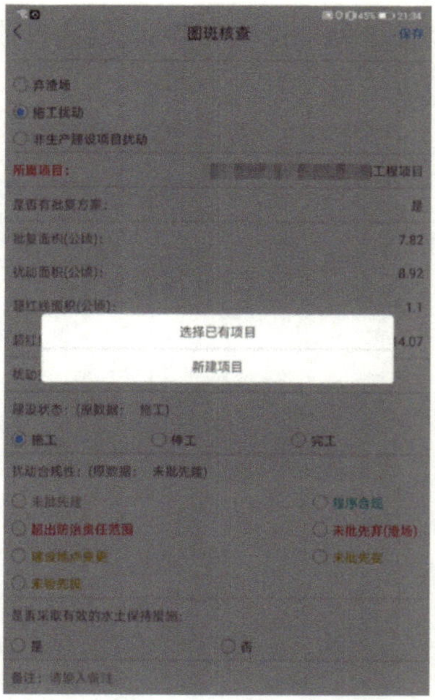

</td>
</tr>
<tr>
<td>点选施工扰动</td>
<td>如果项目已录入全国水土保持信息管理系统,选择已有项目进行关联;如果是未入库项目,则新建项目</td>
</tr>
</table>

<table>
<tr>
<td>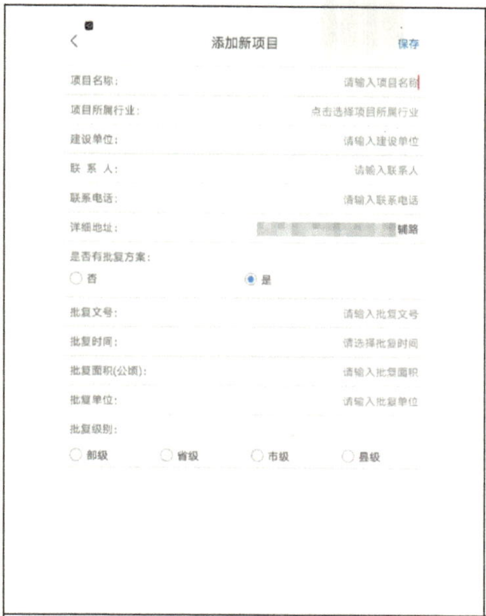
</td>
<td>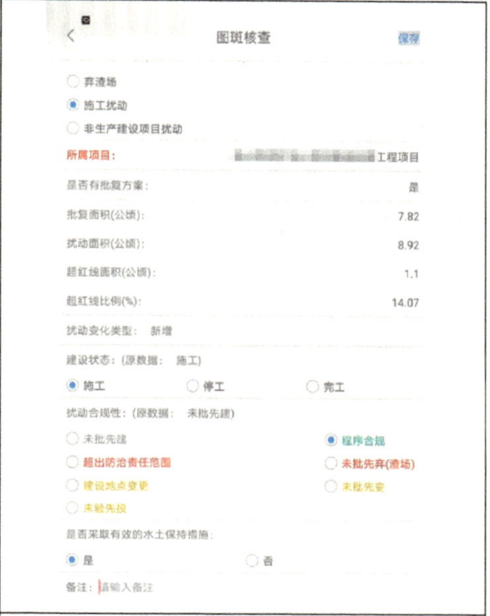
</td>
</tr>
<tr>
<td>仔细对照项目施工公示牌填写，建设单位是指生产建设项目的投资主体或投资者，也是生产建设项目的管理主体，常被称为业主。需输入建设单位全称，不得与施工单位或其他参建单位混淆</td>
<td>通过现场调查、询问与收集资料（如水土保持方案及批复文件、初步设计、施工图设计、弃渣场设计等材料）相结合的方式来判断生产建设项目扰动图斑合规性。具体要求见表 4-1</td>
</tr>
<tr>
<td>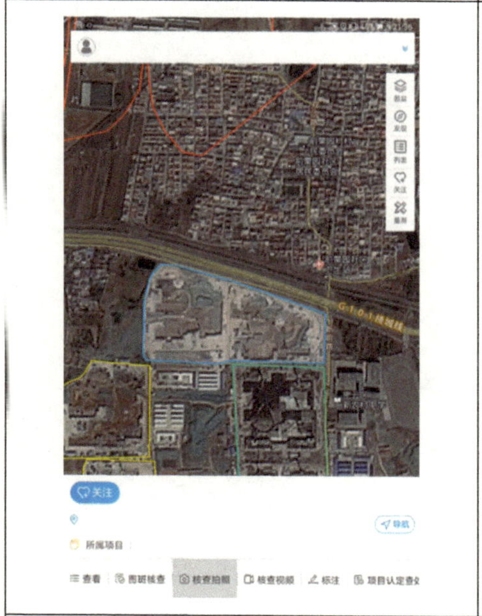
</td>
<td>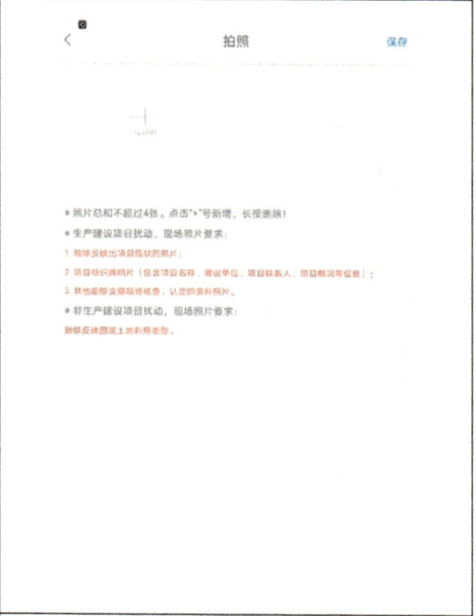
</td>
</tr>
<tr>
<td>核查视频不作要求</td>
<td>每个图斑都要进行拍照，具体要求见表 4-1</td>
</tr>
</table>

标志复核只针对生产施工扰动	采集 1 张能够反映图斑现状的照片

超防治责任范围的图斑现场工作重点见表 4-1	对于现场新发现图斑，可使用“发现新图斑”功能添加新图斑

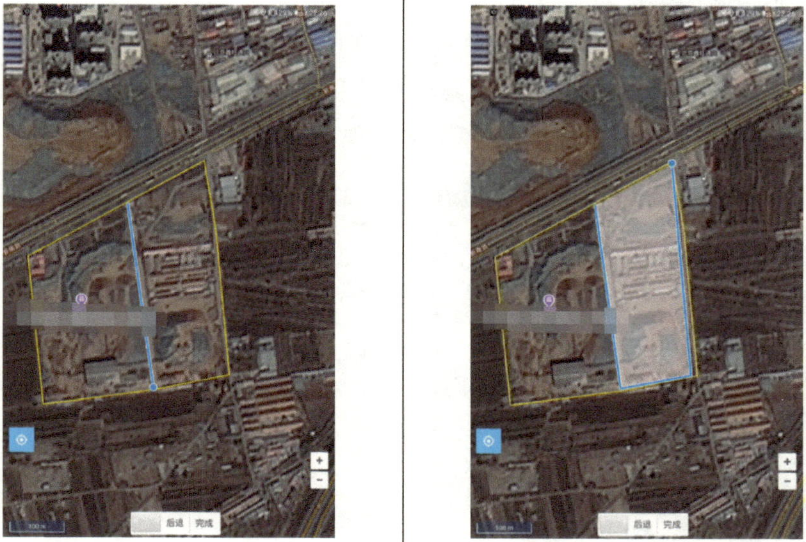

勾绘出新图斑轮廓，填写属性信息，内业再进行图斑边界修正

图 4-5　生产建设项目扰动图斑填报

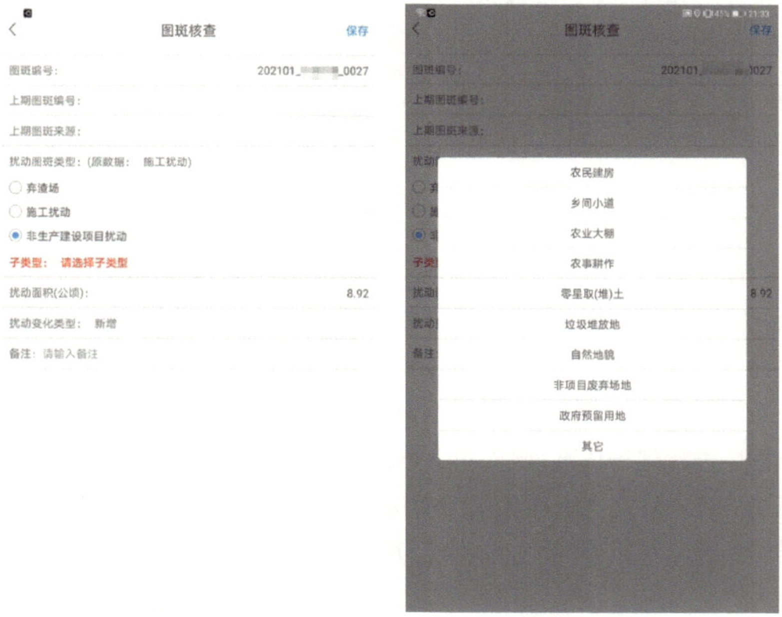

点选非生产建设项目扰动　　　　选择子类型，填写备注

图 4-6　非生产建设项目扰动图斑填报

疑似风险图斑扰动类型判别及核查要求：

（1）若为生产建设项目扰动且现场存在风险隐患，则按照生产建设项目核查程序进行现场核查（图 4-7），采集项目信息、填写图斑属性、关联项目、判别图斑扰动合规性、判别图斑风险类型、采集现场照片。

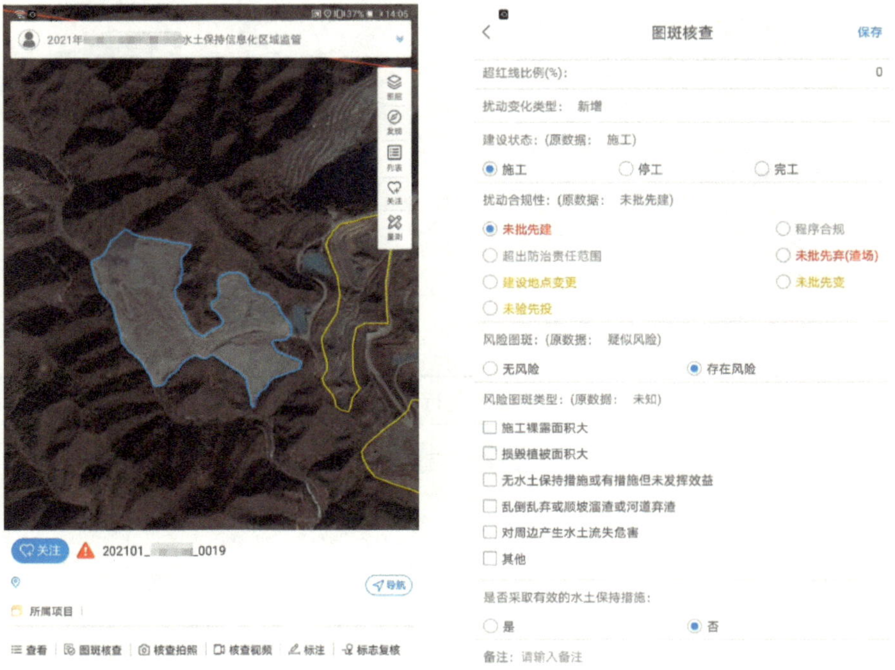

图 4-7　风险图斑填报

（2）若为生产建设项目扰动且现场不存在风险隐患，则按照生产建设项目核查程序进行现场核查，采集项目信息、填写图斑属性、关联项目、判别图斑扰动合规性、判别现场是否采取有效的水土保持措施、采集现场照片。

（3）若为非生产建设项目扰动且现场存在风险隐患，则按照非生产建设项目核查程序进行现场核查，点选非生产建设项目扰动图斑类型、采集现场照片。此类图斑应统一移交当地相关部门做进一步处理，移交处理文书应作为“风险图斑核查处置专项报告”的支撑材料，并上传生产建设项目水土保持信息化监管平台。

（4）若为非生产建设项目扰动且现场不存在风险隐患，则按照非生产建设项目核查程序进行现场核查，点选非生产建设项目扰动图斑类型、采集现场照片。

对于所有下发的风险图斑，均要利用无人机采集能够反映图斑全貌的无人机全景照片（无法航拍的特殊区域除外），拍摄点位不少于4处，并通过生产建设项目信息化监管平台上传。

表4-1　扰动图斑属性信息填报要求

序号	填报字段	填报方式	填报内容	填报要求
1	扰动图斑类型	点选	弃渣场、施工扰动、非生产建设项目扰动	(1)若为弃渣场、施工扰动等生产建设项目扰动，点选弃渣场、施工扰动图斑类型； (2)若为非生产建设项目扰动，则在扰动类型中选择“非生产建设项目扰动”，并点选子类型
2	所属项目	点选	选择已有项目、新建项目	如果项目已入库全国水土保持信息系统，则选择已有项目进行关联；如是未入库项目，则新建项目，并填写2.1～2.7等信息
2.1	项目名称	输入	生产建设项目名称全称	需准确录入项目立项全称，不能出现多字、少字、错字、简称等情况
2.2	项目所属行业	点选	项目所属36种行业类型	现场观察并参照生产建设项目分类表对号入座。难以确定项目类型的，通过沟通、联系、讨论确定
2.3	建设单位	输入	建设单位全称	建设单位是指生产建设项目的投资主体或投资者，也是生产建设项目管理的主体，常称之为业主。需录入建设单位全称，不得与施工单位以及其他参建单位混淆
2.4	联系人	输入	项目联系人姓名	根据实际填写
2.5	联系电话	输入	项目联系人电话	根据实际填写
2.6	详细地址	输入	项目所在地详细地址	根据实际填写
2.7	是否有批复方案	点选	是、否	如是，则填写2.7.1～2.7.5等信息
2.7.1	批复文号	输入	水土保持方案批复文号	根据实际填写
2.7.2	批复时间	点选	水土保持方案批复时间	根据实际填写
2.7.3	批复面积	输入	水土保持方案批复的水土流失防治责任范围(公顷)	与方案批复面积保持一致

续表

序号	填报字段	填报方式	填报内容	填报要求
2.7.4	批复单位	输入	审批水土保持方案的部门	录入规范准确的部门名称
2.7.5	批复级别	点选	部级、省级、市级、县级	根据批复单位的级别选择
3	建设状态	点选	施工、停工、完工	根据现场实际情况判定
4	扰动合规性	点选	程序合规、未批先建、未批先弃(渣场)、超出防治责任范围、未批先变、未验先投、建设地点变更	通过现场调查、询问与收集资料(如水保方案及批复文件、初步设计、施工图设计、弃渣场设计等材料)相结合的方式判断生产建设项目扰动图斑合规性，如未编报方案或编报的方案未取得批复，则判断为“未批先建”[在方案确定的专门存放地以外区域弃渣的，则判别为“未批先弃(渣场)”]；如取得批复且未超出防治责任范围，则在合规性中选择“程序合规”；如未在水土保持方案批复的防治责任范围区域进行施工扰动，则判别为“建设地点变更”。 对于“超出防治责任范围”(≥30%)扰动图斑还需做以下判定： (1) 判断项目与扰动图斑是否关联正确； (2) 利用 App 定位功能，结合现场调查，判别扰动图斑边界是否准确、疑似超出部位的归属； (3) 根据现场调查，利用 App 标记功能做好标注(截图+备注)，并在内业阶段修正图斑边界； (4) 基于修正后的扰动图斑，根据 App 计算超出比例的，判别是否超出防治责任范围； (5) 此环节为图斑扰动合规性判别，而项目合规性认定则需基于项目涉及的所有图斑合规性来进行综合判别。 对于图斑核查阶段的“未批先变”主要指建设地点、措施、规模等发生重大变化，达到《水利部生产建设项目水土保持方案变更管理规定(试行)》中规定的变更条件，但未完成变更审批、报备的项目(不包括水土流失防治责任范围增加 30%以上的不合规行为)
5	风险图斑	点选	无风险、存在风险	根据现场水土流失情况判定，如存在风险则填写 5.1 内容

续表

序号	填报字段	填报方式	填报内容	填报要求
5.1	风险类型	点选	施工裸露面积大，损毁植被面积大，无水土保持措施或有措施但未发挥效益，乱倒乱弃或顺坡溜渣或河道弃渣，对周边产生水土流失危害，其他	根据现场风险情况判定，可选择一种或多种风险类型
6	是否采取有效的水土保持措施	点选	是、否	根据现场水土保持措施落实情况、水土流失防治效果进行综合判定
7	备注	输入	根据需求填写	需要特别说明情况的在备注中进行说明
8	核查拍照	点击拍照	带有地理坐标信息的照片	采集现场照片，每个扰动图斑至少包含能反映以下信息的照片： (1) 能够反映项目现状的照片； (2) 项目标识牌照片(包含项目名称、建设单位、项目联系人、项目概况等信息)； (3) 其他能够支撑现场核查、认定的资料照片； (4) 风险项目应该包括反映水土流失风险现状的照片； 注：每个图斑最多可采集 4 张照片；风险图斑最多可采集 8 张照片(除采集现场照片外，还要通过桌面端上传不少于 4 张无人机全景照片)
9	标志复核	点击拍照	带有地理坐标信息的照片	只针对生产施工扰动开展，采集能够反应图斑现状的照片 1 张

4.4 数据修正与入库

现场核查要及时上传监管平台移动端 App 中的数据，核查结束后需对照现场核查实际情况，依托生产建设项目水土保持信息化监管平台和江苏省水土保持监测与管理信息系统，对边界与属性信息有误的扰动图斑进行修正，包括边界修正、图斑分割、属性修改、图斑所属项目修正等工作(图 4-8～图 4-14)。数据修正工作一般应在当天完成。

市级水行政主管部门应利用监管平台审核功能，对县级核查数据进行审核，发现有问题的应及时驳回并督促修正，直至数据质量满足要求，省级水行政主管部门将进行抽查。审核要点：必填项是否完整、正确；必填项逻辑是否有误；支撑材料或者照片是否完备。

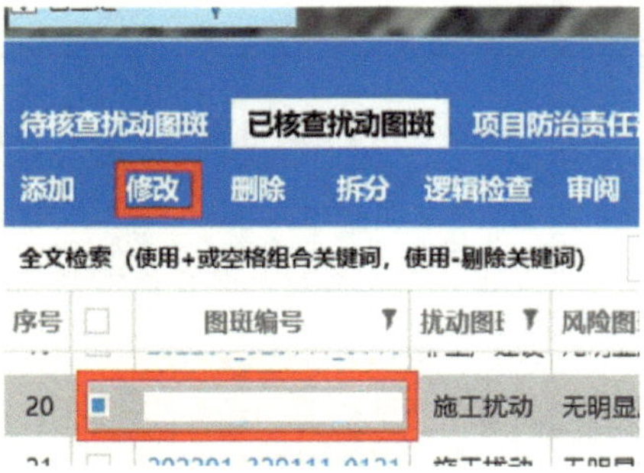

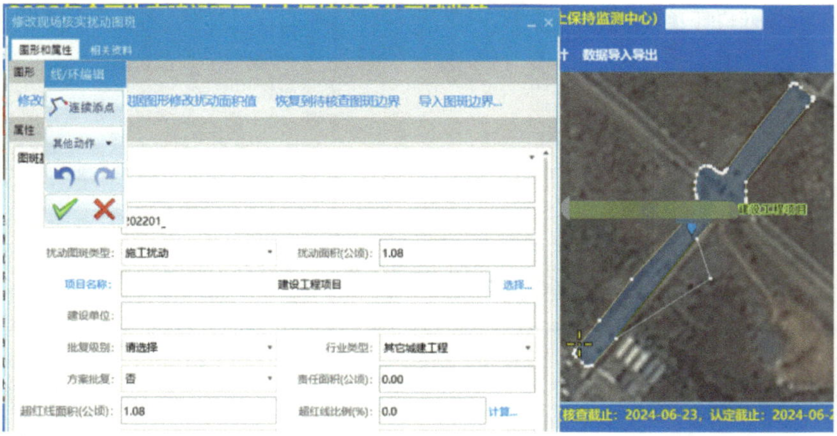

图 4-8　国家级图斑边界修正

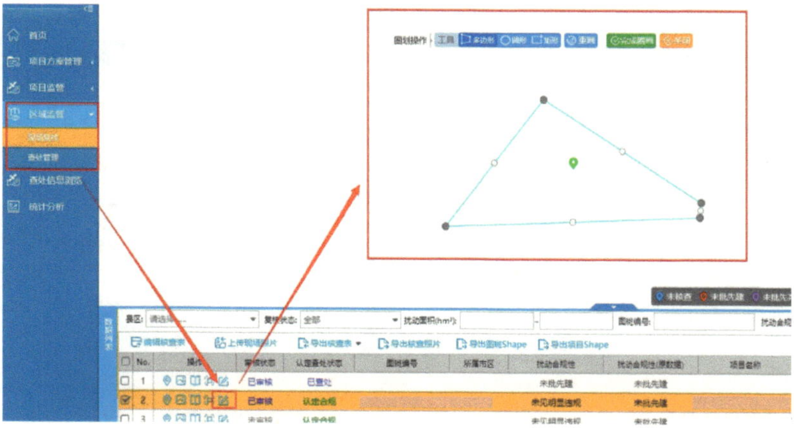

图 4-9　省级图斑边界修正

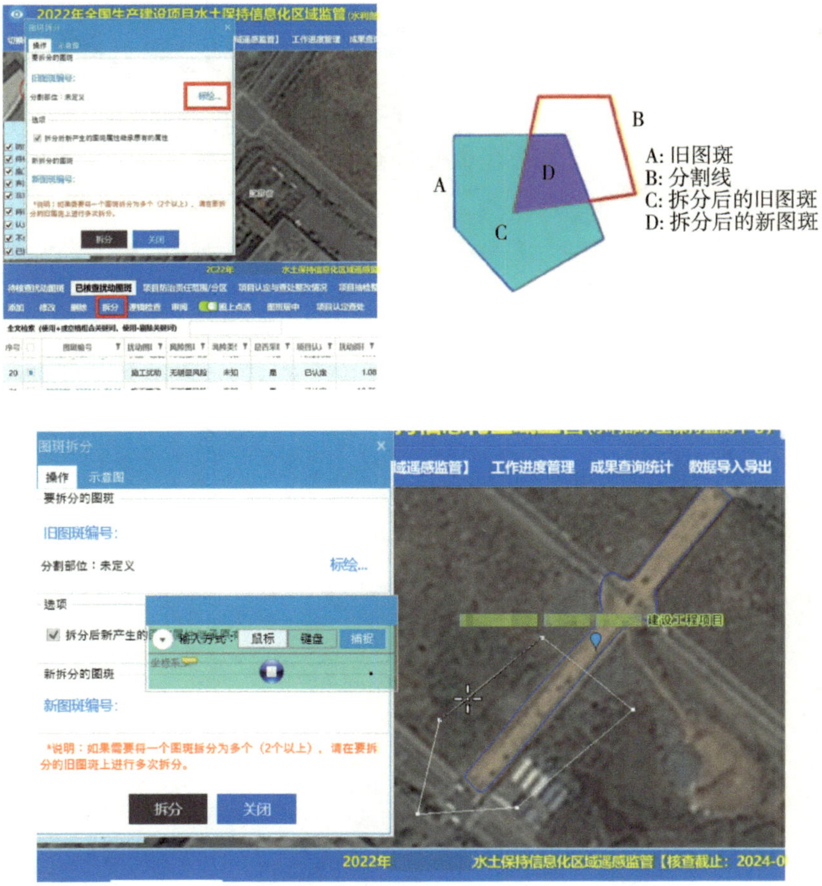

图 4-10　图斑分割

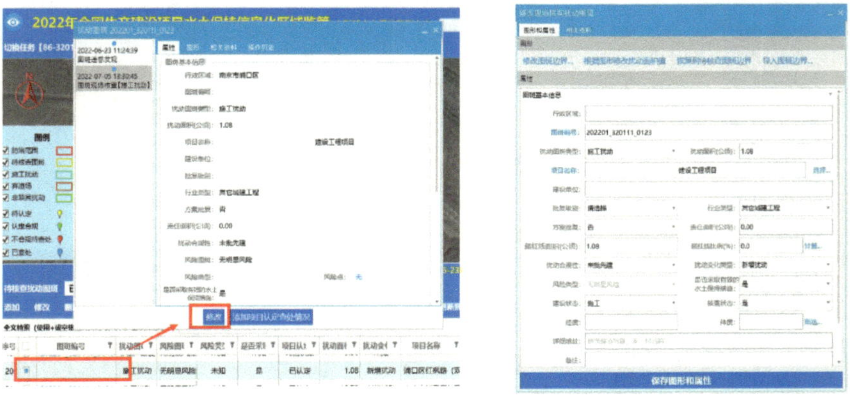

图 4-11　国家级图斑属性修改

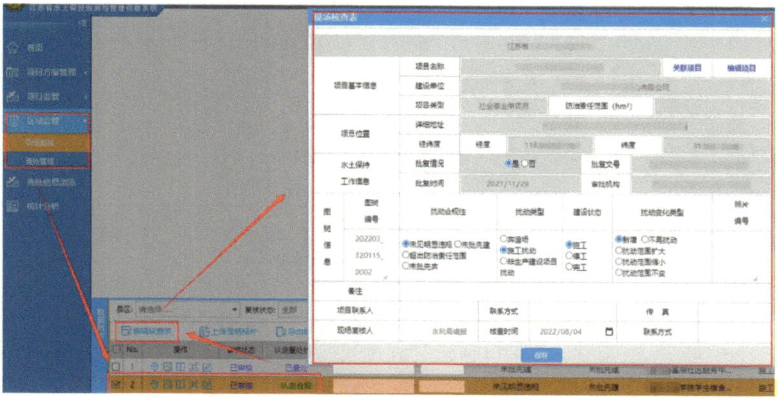

图 4-12 省级图斑属性修改

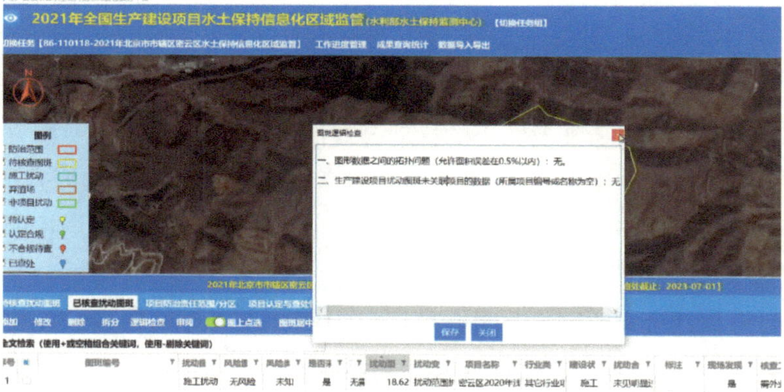

图 4-13 图斑逻辑检查

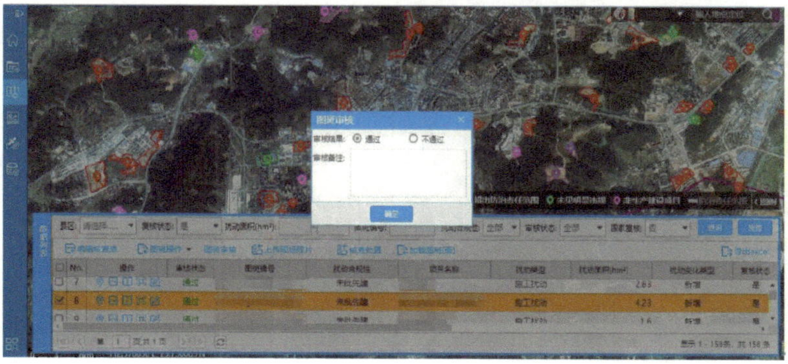

图 4-14 图斑审阅

5 项目合规性认定

5.1 项目合规性认定

本环节基于项目所涉及图斑的扰动合规性，并通过核查水土保持方案及批复文件、初步设计、施工图设计、弃渣场设计等支撑材料，对生产建设项目进行项目合规性认定。如果事实清楚、证据充分，可直接认定；如遇现场难以取证的情况，则要采取进一步措施进行取证和认定。

项目合规性认定的结果分为合规项目和不合规项目两种(图 5-1 和图 5-2)。认定为合规项目的，应选择合规类别并提供相应的佐证材料。对于未跨行

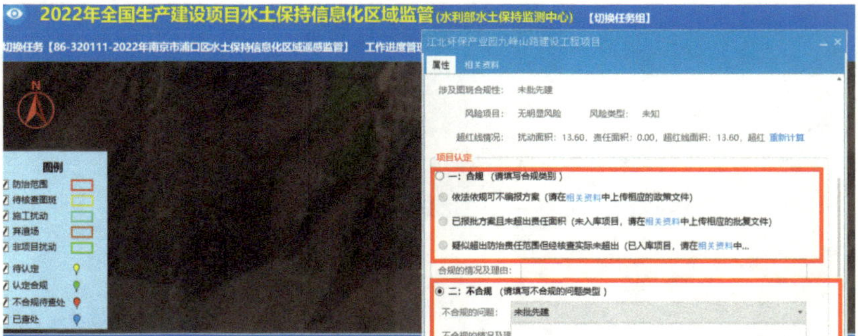

图 5-1 国家级图斑项目合规性认定

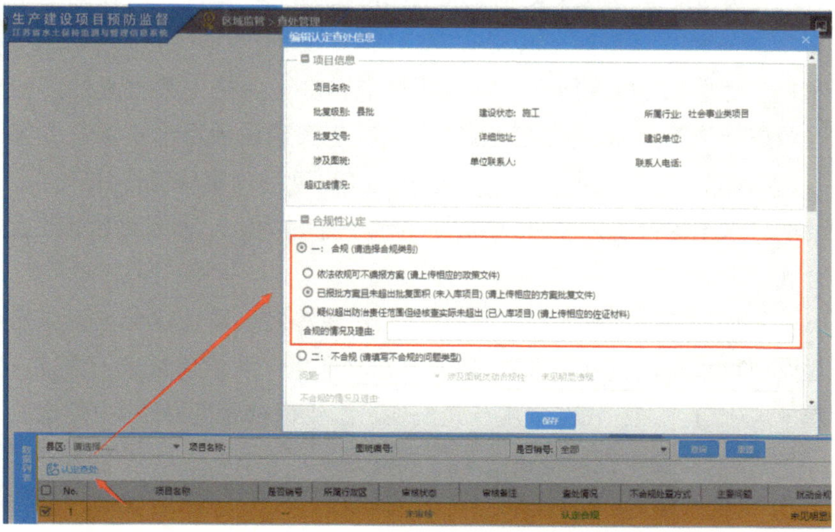

图 5-2 省级图斑项目合规性认定

政区的多图斑项目,应先完成项目涉及的所有图斑核查后,再进行合规性认定;对于跨行政区的多图斑项目,应统筹开展核查,完成项目涉及的所有图斑核查后,再进行合规性认定。

1) 不合规项目认定

项目不合规形式主要为"未批先建""未批先弃""超出防治责任范围"三类,认定标准如下:

(1) 未批先建

指依法应当编报水土保持方案的生产建设项目,未编制水土保持方案或者编制的水土保持方案未经批准而开工建设的行为。

(2) 未批先弃

指在水土保持方案确定的专门存放地以外的区域倾倒砂、石、土、矸石、尾矿、废渣等的行为。

(3) 超出防治责任范围

指水土保持方案经批准后,项目实际扰动面积超出批复面积 30%以上的行为。

现场核查中发现存在上述三类不合规情形外的其他不合规行为(如未验先投、建设地点变更、未批先变等),也应一并认定。

（1）未验先投是指项目未进行水土保持设施验收先行投产投运的不合规行为。

（2）建设地点变更是指生产建设项目未在水土保持方案批复的防治责任范围区域进行施工扰动，并且已达到《水利部生产建设项目水土保持方案管理办法》、《水利部生产建设项目水土保持方案变更管理规定（试行）》或《江苏省生产建设项目水土保持管理办法》中规定的变更条件，但未完成变更审批或报备的不合规行为。

（3）未批先变是指生产建设项目措施、规模等发生重大变化，达到《水利部生产建设项目水土保持方案管理办法》、《水利部生产建设项目水土保持方案变更管理规定（试行）》或《江苏省生产建设项目水土保持管理办法》中规定的变更条件，但未完成变更审批或报备的不合规行为。

2）合规项目界定

（1）依法依规可不编报方案

政策允许可不编报水土保持方案的项目，如不在水土保持法律法规要求的编制水土保持方案区域范围内建设的生产建设项目，或图斑核查时竣工投产时间已经超过2年的生产建设项目。

（2）已报批方案且未超出批复面积（未入库项目）

方案已报批但未及时入库，且经现场核查扰动面积未超出批复面积30％的项目。

（3）疑似超出防治责任范围但经核查实际未超出（已入库项目）

项目方案信息及防治责任范围矢量数据已入库，经现场核查扰动面积未超出批复面积30％的项目。

国家级图斑需进行项目与图斑的逻辑检查与修正工作（图5-3）。认定与查处阶段的逻辑错误主要分为5类：①项目涉及图斑不在本区域或非生产建设项目图斑；②无涉及图斑的项目；③一个图斑归属到不同项目；④图斑归属项目错误；⑤待认定项目图斑数据。逻辑错误解决方法：①对于第一、三、四项错误，【修复项目中无关图斑】；②对于第二项错误，【删除无涉及图斑的项目】；③对于第五项错误，【已核查图斑】—待认定—【项目认定查处】逐一认定；④【重新分析】，重复上述方法，直至全部解决。

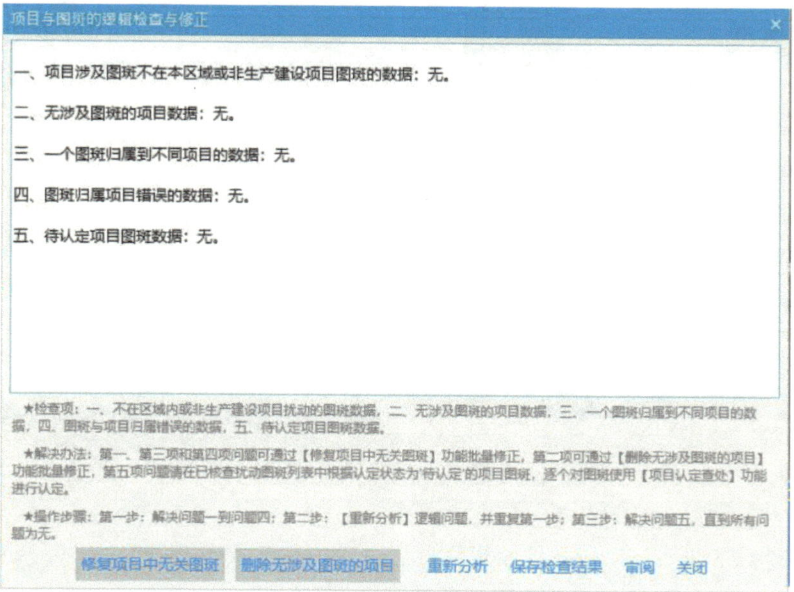

图 5-3 项目与图斑的逻辑检查与修正

5.2 风险项目认定

风险项目的认定结果以图斑核查阶段判定的结果为准，合规性认定阶段不再认定（图 5-4）。

对于下发的风险图斑，既要认定未依法履行水土保持法定程序的行为，也要核查其是否存在造成水土流失未治理、水土保持措施未落实的行为，要重点核查水土保持措施落实情况及水土流失风险隐患等。经现场核查认定不存在水土流失风险的图斑，要说明理由并提供相应的佐证。

完成风险图斑核查处置后，还需编制"风险图斑核查处置专项报告"。

5.3 不合规项目清单

现场核查难以直接认定项目合规性的，要进一步采取措施进行取证、认定。项目合规性认定错误的，可通过生产建设项目水土保持信息化监管平台来修正项目合规性认定信息。

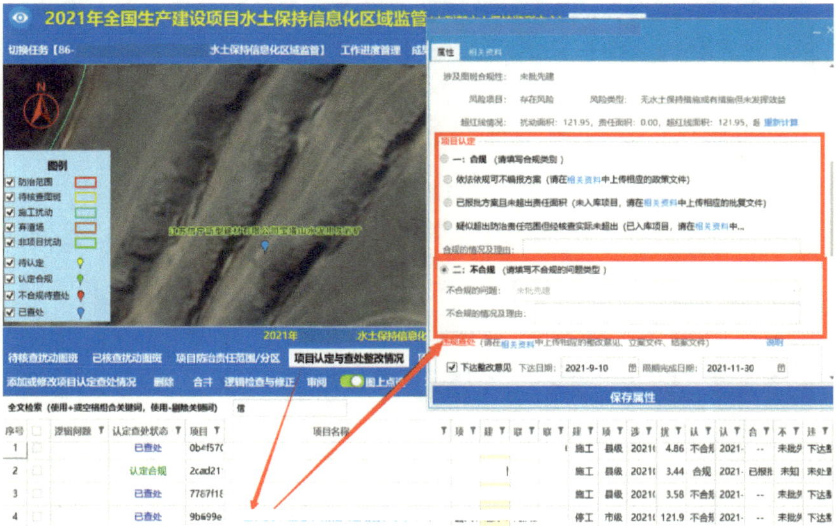

图 5-4　风险项目合规性认定

完成项目合规性认定后，形成不合规项目和风险项目清单，建立完善台账机制。

5.4　项目合规性信息填报

生产建设项目合规性认定信息填报要求详见表 5-1。不合规问题认定为单选，优先认定“未批先建”“未批先弃”“超出防治责任范围”三类主要问题。

表 5-1　生产建设项目合规性认定信息填报要求

序号	填报字段	填报方式	填报内容	填报要求
1	合规项目	点选/输入	依法依规可不编报方案	应说明可不编报方案的理由，并上传相关佐证材料
2		点选/输入	已报批方案且未超出批复面积（未入库项目）	方案已报批但未及时入库，且经现场核查扰动面积未超出批复面积的 30%。应说明情况及理由，将批复文件拍照上传。 同时，应尽快将项目方案信息及防治责任范围矢量数据录入全国水土保持信息管理系统
3		点选/输入	疑似超出防治责任范围但经核查实际未超出（已入库项目）	应说明情况及理由，提供项目未超出防治责任范围的佐证材料，如图斑边界错误及修正后未超出的截图证明、项目监管无人机图件、结论性意见等

续表

序号	填报字段	填报方式	填报内容	填报要求
4	不合规项目	点选/输入	未批先建	通过核查水保方案及批复文件、初步设计和施工图设计等材料，并结合图斑扰动合规性综合认定项目是否“未批先建”
5		点选/输入	未批先弃	通过核查水保方案及批复文件、初步设计、施工图设计及弃渣场设计等材料，并结合图斑扰动合规性综合认定项目是否“未批先弃”
6		点选/输入	超出防治责任范围	扰动面积超过批复面积的30%则视为超出防治责任范围，具体分为3种情况： (1) 对于单图斑项目：基于图斑面积超出批复比例直接认定； (2) 对于未跨行政区的多图斑项目：完成项目涉及的所有图斑核查后，再依据图斑总扰动面积超出批复面积的比例进行认定； (3) 对于跨行政区的多图斑项目：应统筹开展核查认定，完成项目涉及的所有图斑核查后，再依据图斑总扰动面积超出批复面积的比例进行认定
7		点选/输入	其他问题	现场核查中发现存在上述三类主要不合规情形外的其他不合规行为(如未验先投、建设地点变更、未批先变等)，也应进行认定

6 不合规项目查处整改

6.1 不合规项目查处

被认定为不合规和存在风险的项目均要依法依规进行查处，主要方式包括“下达整改意见”和“立案”两种。对于不合规项目，应下达整改意见督促生产建设单位限期整改，整改意见中应当明确存在的不合规问题及整改要求和时限；对于存在风险的项目，整改意见中应该明确存在的水土流失风险问题及整改要求和时限；对已查处过多次但拒不整改的或情形严重已造成重大水土流失的项目，应用依据实际情况采取行政处罚等方式进行立案查处，并进行责任追究。

查处日期是“下达整改意见日期”（或“立案日期”）。“限期整改完成日期”是整改意见中明确的生产建设单位应当完成整改的截止日期。除需在系统中填写“查处日期”“限期整改完成日期”等查处信息以外，还需上传整改通知书、执法文书等作为佐证材料。

不合规及风险项目查处信息填报要求见表 6-2。

表 6-2　不合规及风险项目查处信息填报要求

序号	填报字段	填报方式	填报要求
1	下达整改意见	点选	整改意见要明确整改要求和时限
1.1	下达整改意见日期	点选	填写整改意见印发日期
1.2	限期整改完成日期	点选	填写要求完成整改的截止日期

续表

序号	填报字段	填报方式	填报要求
1.3	整改文件	拍照	上传整改通知书等佐证材料
2	立案	点选	根据实际情况点选责改、行政处理(行政处罚、行政强制、责任追究、其他),并上传立案文件、执法文书等相关佐证材料
2.1	立案日期	点选	填写立案日期
2.2	责改	拍照	上传责改文件
2.3	行政处理	点选	行政处罚、行政强制、责任追究(约谈、通报批评、纳入重点监管名单、信用惩戒)、其他

6.2 不合规项目整改

不合规及存在风险项目经查处后,水行政主管部门要对其整改落实情况进行跟踪。确已完成整改(或结案)的,修改项目状态为“已完成整改”(或结案),填写相关信息,并上传方案(变更)批复文件、现场整改后照片等作为佐证材料(图 6-1 和图 6-2)。

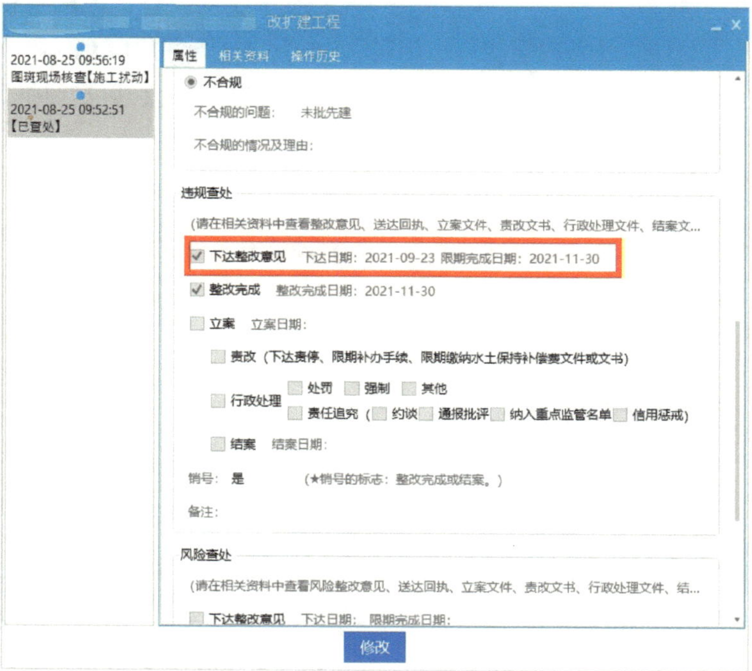

图 6-1 国家级图斑不合规项目查处

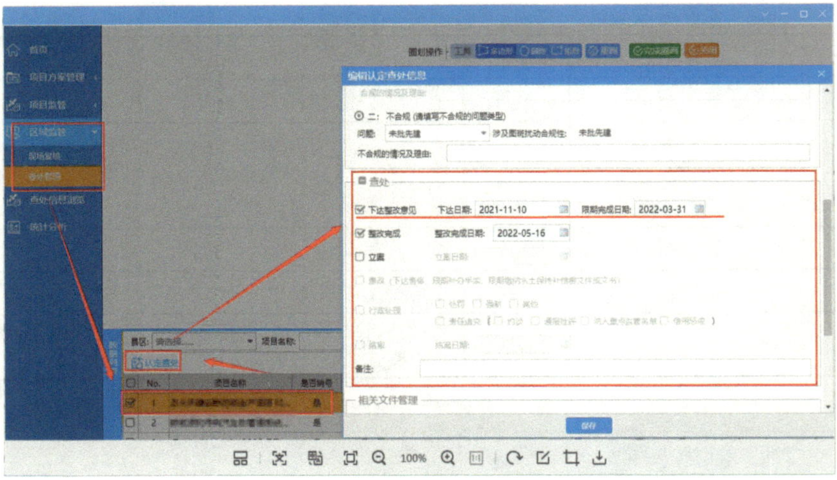

图 6-2　省级图斑不合规项目查处

对期限内未完成整改的项目，应根据实际情况采取责改、行政处罚等方式进行立案查处，并进行责任追究，修改项目状态为“立案”，填写立案日期，点选处置方式，上传佐证材料，并继续进行后续跟踪（即“下达整改意见”的项目，若拒不整改，可转为“立案”项目接续处理）。所有不合规及存在风险项目的最终状态只有两类，即“已完成整改”或“结案”。水行政主管部门应对风险项目水土流失问题进行重点督办，确保水土流失问题查处到位、整改到位。见图 6-3 和图 6-4。

不合规及存在风险项目督促整改信息填报要求见表 6-2。

表 6-2　不合规及风险项目督促整改信息填报要求

序号	填报字段	填报方式	填报要求
1	整改完成	点选	需要点选“整改完成”，并填写整改完成日期，上传整改完成佐证材料
1.1	整改完成日期	点选	填写“整改完成日期”
1.2	整改报告	拍照	上传整改报告，包括项目水土保持方案（变更）批复文件、整改后现场照片或整改报告等作为佐证材料
2	结案	点选	需要点选“结案”，并填写结案日期，上传结案报告
2.1	结案日期	点选	填写结案日期
2.2	结案文件	拍照	上传结案文件、现场整改后照片等作为佐证材料

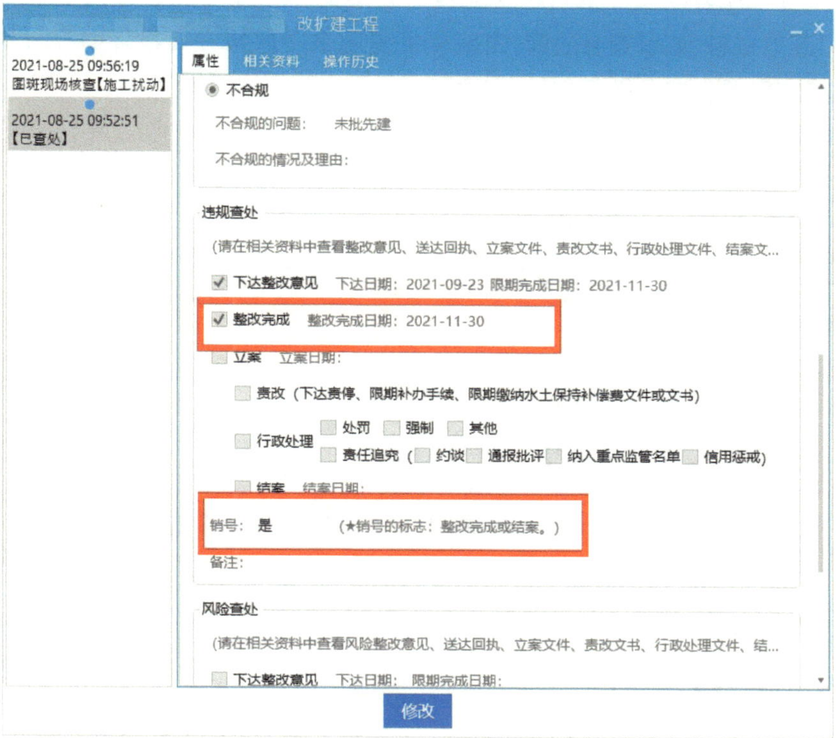

图 6-3　国家级图斑不合规项目整改

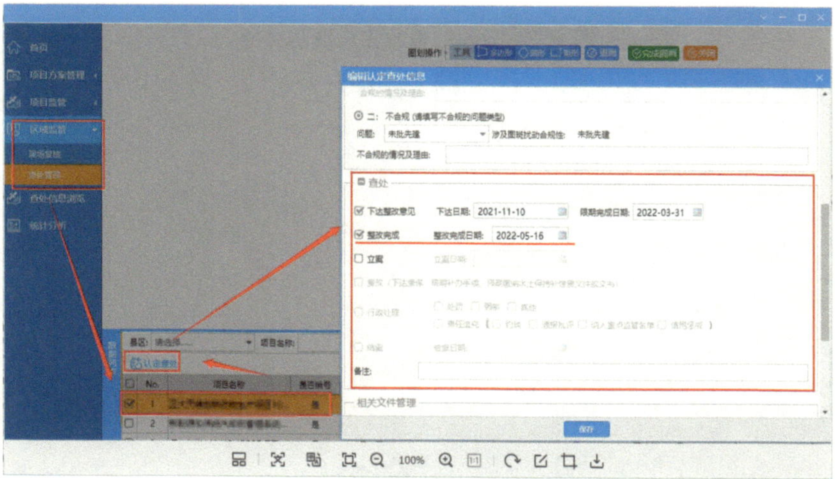

图 6-4　省级图斑不合规项目整改

不合规项目整改常见问题为上传材料不能作为项目完成整改的证明，例如，用其他材料（如审查会通知、未获得批复的水土保持方案报告书等）代替水土保持方案报告书及批复文件（图 6-5）。

图 6-5　无效的整改完成证明文件

7 常见问题

7.1 图斑现场核查常见问题

问题 1:临时堆放场地、临时堆土场地、施工生产生活区、混凝土拌合站等,是否属于项目?

临时堆放场地、临时堆土场地、施工生产生活区、混凝土拌合站等通常属于生产建设项目临时用地,是项目组成部分,纳入防治责任范围管理,因此均属于项目。

问题 2:寺庙是否属于项目?

某一工程是否属于生产建设项目,取决于项目是否需要立项,需立项后建设的,则定性为项目,手续完备、合法合规的寺庙建设同样需要开展前期工作(图 7-1)。

问题 3:无立项是否一定属于非生产建设项目?

无立项不代表无须立项;应立项而未立项的,可能涉嫌违规建设;确实属于无须立项的,则属于非生产建设项目。具体情况需要进一步追查核实后再做判断。

问题 4:新农村建设是否属于项目?

对农村建房的情况,要从土地性质、建设主体、房屋用途等角度综合判断是否属于房地产项目。用地属性为农村住房宅基地、房屋用途为农村居住住宅和用地规划为农村居住用地的新农村建设工程通常不属于项目(图 7-2)。

索引号	[redacted]	分　类	建设用地审批
发布机构	江苏省国土资源厅	发布日期	[redacted]
标　题	[redacted]寺建设项目		
文　号	[redacted]号	主题词	
内容概述			
时　效	长期		

[redacted]寺建设项目

[redacted]号

江苏省人民政府关于[redacted]寺建设
项目用地的批复

[redacted]人民政府:

你市呈报的[redacted]号《建设用地项目呈报说明书》、征收土地方案及供地方案收悉。经审查，现批复如下:

一、同意你市征收土地方案，将[redacted]未利用地征收为国有。

二、同意你市供地方案，以划拨的方式将批准的建设用地用于[redacted]寺项目建设，具体供地情况请及时上报省国土资源厅备案。

三、你市要严格依法履行征地批后实施程序，及时足额支付补偿费用。

图 7-1　寺庙项目用地批复

图 7-2　新农村建设

问题 5：图斑与项目不对应

一个图斑只能关联一个项目，而一个项目可以包含多个图斑（图 7-3）。

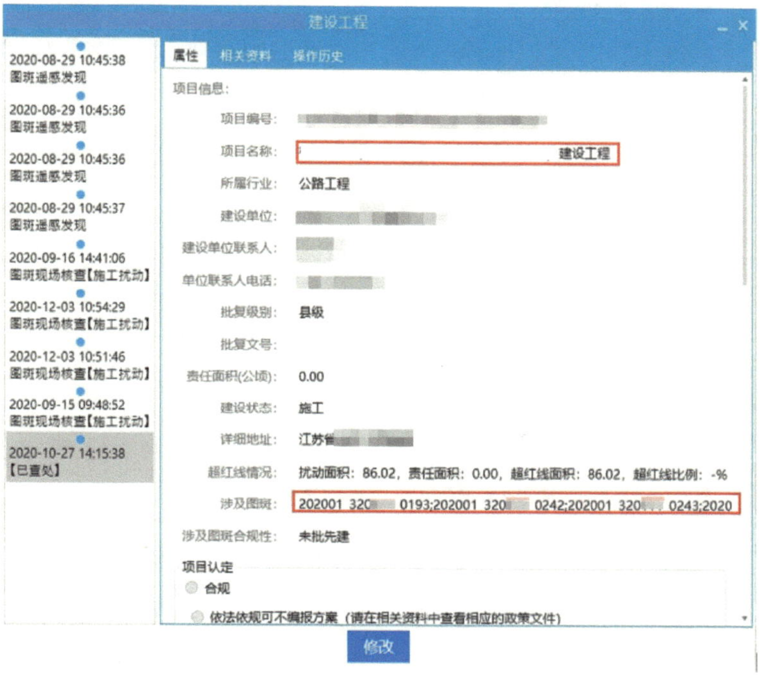

图 7-3　一个项目包含多个图斑示例

问题 6：项目名称不按公示牌填写或填写不完整

项目名称需按照现场施工公示牌填写，若现场没有公示牌的可以按照项目批复的正式名填写。

问题 7：项目行业类型选择不准确

项目行业类型填写不准确，不能准确划分项目行业类型，示例见图 7-4。图斑信息填写时应按照生产建设项目分类表及其注释进行项目分类。

项目名称	新建一期3#4#厂房		
建设单位	有限公司		
项目类型	房地产工程	防治责任范围（hm^2）	

图 7-4　项目行业类型选择不准确

问题 8：备注不明确、拍照不能清晰反映图斑现状

现场采集的照片不能清晰反映图斑现状（图 7-5）。每个扰动图斑至少需要包含能够反映以下信息的照片。

图 7-5　现场采集的照片不能清晰反映图斑现状

（1）能够反映项目现状的照片。

（2）项目标识牌（包含项目名称、建设单位、项目联系人、项目概况等信息）的照片。

（3）其他能够支撑现场核查、认定的资料照片。

（4）风险项目应该包括反映水土流失风险现状的照片。

（5）附有经纬度坐标的照片。

问题9：现场照片采集不充分

无人机照片可以作为现场核查取证的辅助，但不能完全使用无人机照片代替现场核查照片（图7-6）。

图7-6　现场照片采集不充分

问题10：施工临时场地图斑信息没有对照项目填写

施工临时场地属于生产建设项目临时用地，图斑信息应该和项目名称保持一致。

问题11：将生产建设项目判定为非生产建设活动

核查照片中有明显生产建设特征存在（图7-7～图7-11），如工程概况告示牌、设备、堆/填土、施工等场景，应核查为生产建设项目。

图 7-7　已完工道路错判为非生产建设项目

图 7-8　有工程概况告示牌错判为非生产建设项目

江苏省						
图斑信息	图斑编号	扰动类型	子类型	建设状态	扰动变化类型	照片编号
	202202_ _0017	非生产建设项目扰动	其他	完工	不再扰动	
备注	面积未超过0.5公顷，不需要手续					
现场复核人		核查时间	2022-06-01	联系方式		

图 7-9　不满足水土保持方案编制要求的项目错判为非生产建设项目

江苏省[illegible]						
图斑信息	图斑编号	扰动类型	子类型	建设状态	扰动变化类型	照片编号
	202202_[illegible]_0049	非生产建设项目扰动	其他	完工	不再扰动	
备注		只加盖房顶，未有土方开挖				
现场复核人		[illegible]	核查时间	2022-05-31	联系方式	

图 7-10　厂房建设错判为非生产建设项目

江苏省[illegible]						
图斑信息	图斑编号	扰动类型	子类型	建设状态	扰动变化类型	照片编号
	202202[illegible]_0011	非生产建设项目扰动	其他	施工	扰动范围不变	
备注		厂房墙体翻新贴铝塑板				
现场复核人		[illegible]局填报	核查时间	2022-05-24	联系方式	

图 7-11　有施工迹象错判为非生产建设项目

问题 12:图斑拓扑关系错误

修改图斑边界后存在拓扑错误，即图斑之间存在重叠(图 7-12)，应重新调整图斑边界。

问题 13:在现场核查过程中，由于解译影像时相与现场核查日期不一致，造成室内未解译出扰动图斑，是否需要补充上?

在现场核查过程中，如发现存在未解译出的扰动图斑，经核实确属不合规

图 7-12 拓扑关系错误

的，仍然需要一并处理。

问题 14：区域监管 App 调用的数据库项目，其位置信息是否准确？

区域监管 App 调用的数据来源于全国水土保持信息管理系统，位置信息由各地自行填报，仅作为图斑核查的数据参考，如发现位置不准确的情况，需返回全国水土保持信息管理系统修正。

问题 15：风险图斑如何核查处置？

对于下发的风险图斑，既要认定未依法履行水土保持法定程序的行为，更要核查其是否存在造成水土流失未治理、水土保持措施未落实的行为，要重点核查水土保持措施落实情况及水土流失风险隐患等。经现场核查认定不存在水土流失风险的图斑，要说明理由并提供相应的佐证。

对于所有下发的风险图斑，均要利用无人机采集能够反映图斑全貌的无人机全景照片（无法航拍的特殊区域除外），拍摄点位不少于 4 处（建议从图斑东南西北 4 个方向各选一个点位），并通过生产建设项目信息化监管平台桌面端进行上传。同时，要根据风险图斑的影像情况，重点核查存在乱倒乱弃或顺坡溜渣或河道弃渣以及对周边产生水土流失危害的点位。

完成风险图斑核查处置后，要编制“风险图斑核查处置专项报告”。

问题 16：无法获取项目信息的如何填报？

采集不到或无明确项目名称的生产建设项目命名为“XX 省 XX 市 XX 县（市、区）XX 镇/村/街道 XX 项目”。根据现场情况判别出是废弃矿山，但是没能采集到项目名称，则项目名称由地理位置和矿山组成。

问题 17：疑似超出防治责任范围的项目如何开展现场核查？

利用App定位功能先行确定项目边界和超出部分归属(结合现场调查),在此基础上对图斑边界进行修正,然后利用平台自带的计算功能算出超出面积和比例,最后进行合规性认定。保留图斑修改前后的截图和重新计算面积后的截图,作为佐证材料留存。

问题18:防治责任范围不准确导致的合规性初判信息错误的图斑,如何处理?

应在水土保持信息管理系统中修正防治责任,范围边界,并在监管平台中重新加载。

问题19:若一个项目有多个厂区,以及带来的多个图斑,如何进行现场复核?

需要逐一到达各个厂区,结合防治责任范围判断合规性,同时将全部图斑关联到该项目上。

问题20:对于项目分期建设且无明显分界线,参考红线也无法判断的图斑如何处理?

结合防治责任范围边界资料、主体设计文件、用地红线进行综合判读。工作内容包括核实图斑与各期红线之间的对应关系及边界范围,修准红线边界及图斑边界,确保每个红线范围与每个图斑范围的对应一致性,从而分别判读合规性。

7.2 项目合规性认定常见问题

问题21:项目信息填报不全

项目信息缺少批复文号、责任面积、建设单位等关键信息(图7-13)。

问题22:信息矛盾

项目信息出现前后矛盾、错误现象。如批复情况为“否”,但填有批复文号(图7-14);已批复项目扰动合规性填为“未批先建”;项目认定为未批先建,但填写了批复面积;批复文件中防治责任面积、项目名称等信息与填报信息不一致(图7-15)。

问题23:附件上传问题

附件上传内容不完整(图7-16)、不规范(图7-17),或未上传附件(图7-18)。

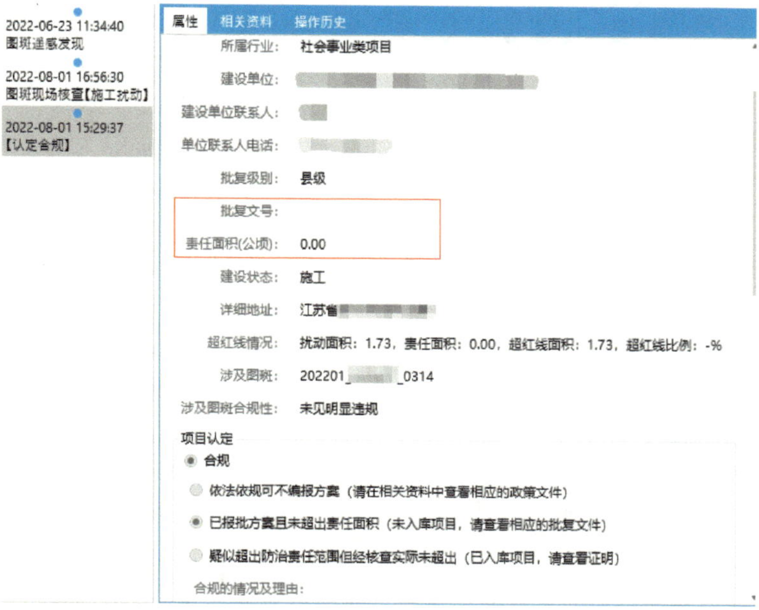

图 7-13　填报信息不完善

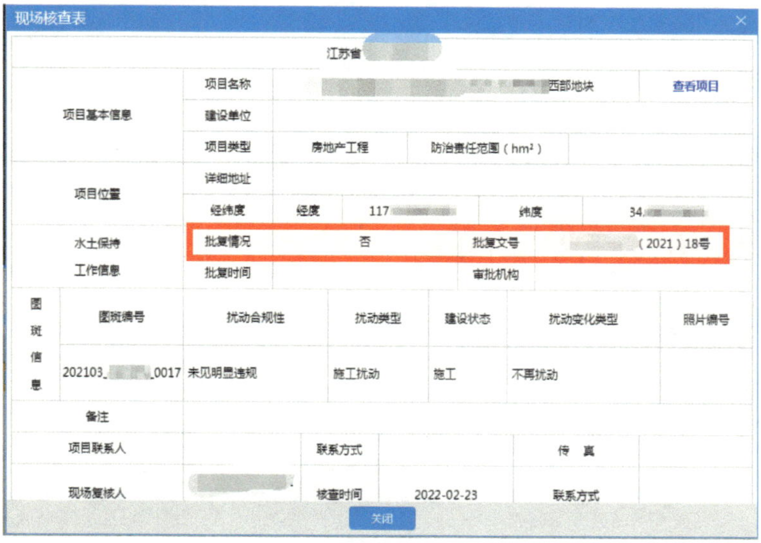

图 7-14　现场核查表信息矛盾

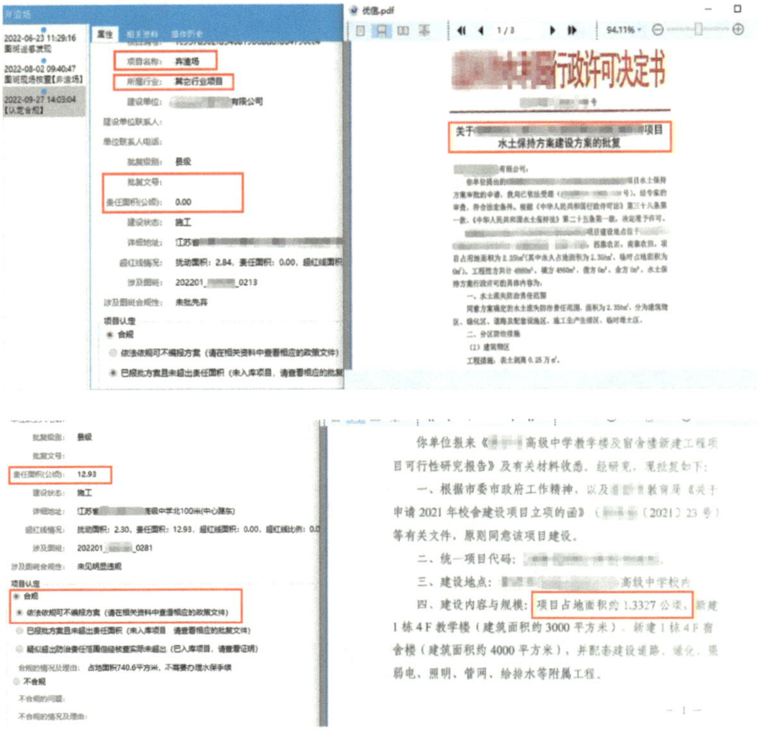

图 7-15　填报信息与批复文件矛盾

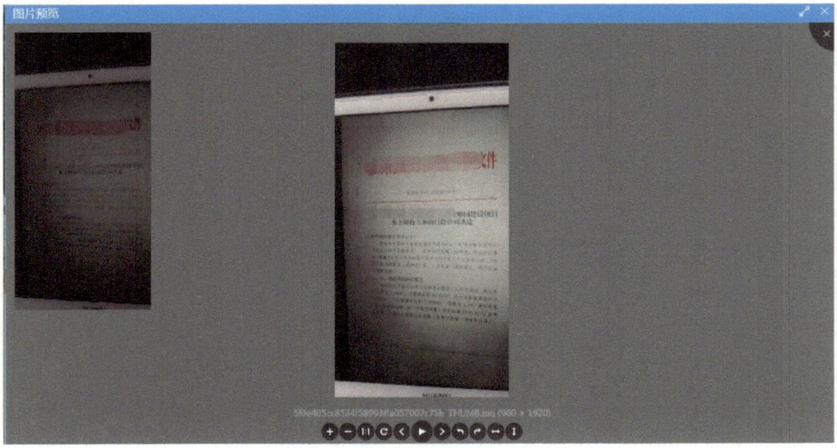

图 7-16　附件上传不完整

图 7-17 附件上传不规范

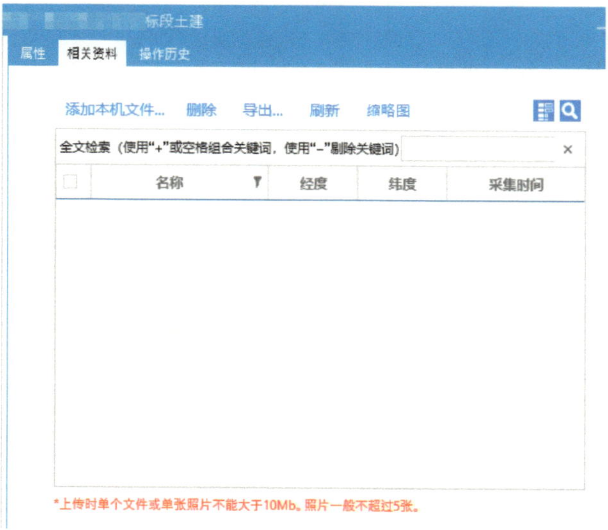

图 7-18 未上传附件

问题 24：不合规情况漏选

填报项目信息时，未对不合规情况做进一步选择（图 7-19），需对具体不合规情况进行选择（图 7-20）。

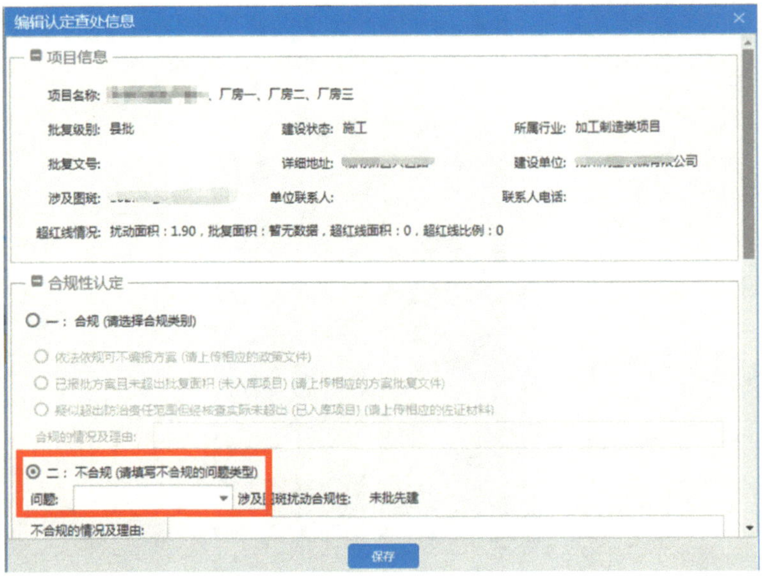

图 7-19 不合规情况漏选

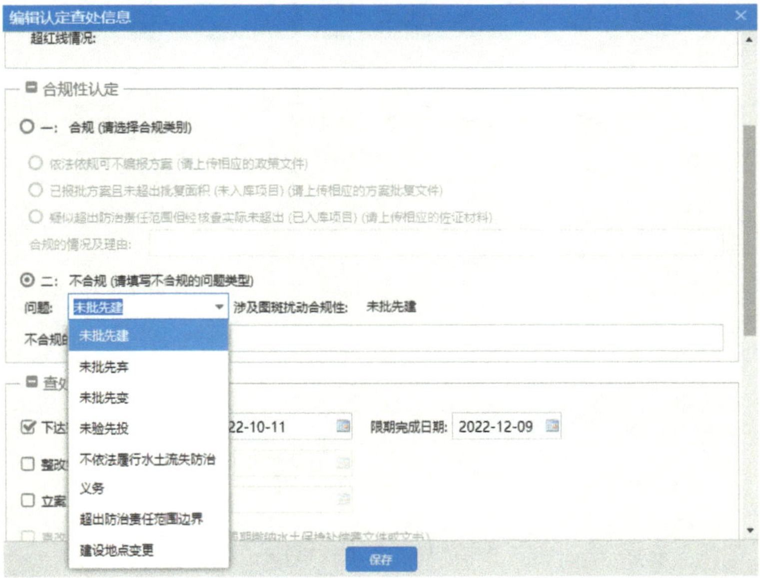

图 7-20 不合规情况选择示意图

问题 25：项目合规性认定依据不充分

合规性理由为“项目因规划调整，处停工状态”，不能作为“合规且依法依规可不编报方案”的依据（图 7-21）。

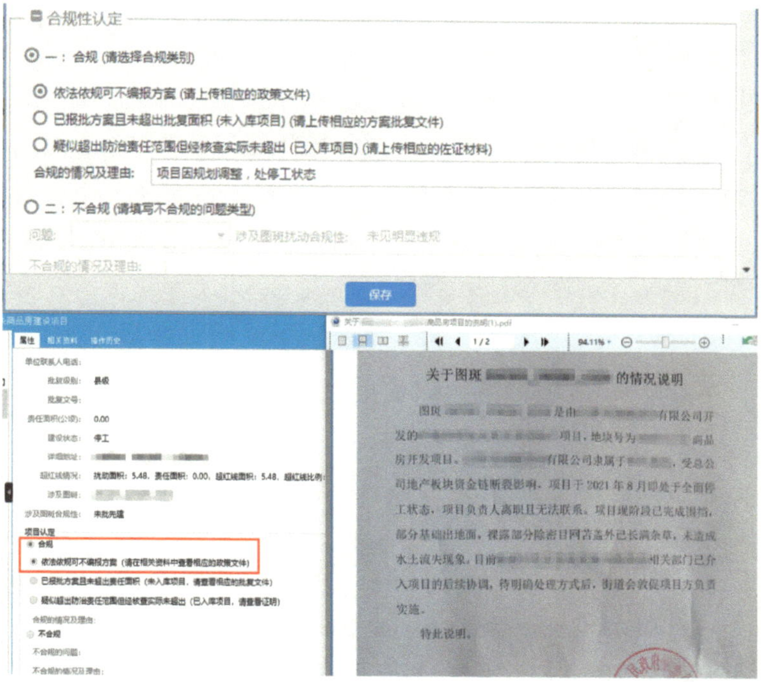

图 7-21　项目合规无须编报方案的依据不充分

项目政策性文件不支撑项目合规性的判别（如政策性文件中未明确体现具体项目名称、以针对单个区县的规定扩大至整个区域）；已实施水土保持区域评估开发区范围内的生产建设项目，其水土保持方案审批程序可适当简化，应当编制水土保持方案报告书的，可简化为“水土保持方案报告表”，推行告知承诺制管理，不可以作为“合规且依法依规可不编报方案”的理由（图 7-22）。

未超出防治责任范围的证明材料不充分（图 7-23），需利用监管平台 App 定位和面积计算功能或其他测量软件测量图斑实际面积，截图作为佐证材料。

关于印发《江苏[redacted]水土保持区域评估报告》的通知

各有关单位：

按照《市商务局、自然资源和规划局、生态环境局等七个部门关于印发[redacted]省级以上开发区区域评估工作推进落实方案的通知》（[redacted][2019]206 号）文件要求，管委会组织编制完成了《江苏[redacted]水土保持区域评估报告》，并通过专家审查，现印发给你们，请遵照执行。

附件：江苏[redacted]水土保持区域评估报告

项目认定

◉ 合规

◉ 依法依规可不编报方案（请在相关资料中查看相应的政策文件）

○ 已报批方案且未超出责任面积（未入库项目，请查看相应的批复文件）

○ 疑似超出防治责任范围但经核查实际未超出（已入库项目，请查看证明）

合规的情况及理由： 相关区域已做区域评估

○ 不合规

不合规的问题：

不合规的情况及理由：

图 7-22　项目合规无须编报方案的依据不充分

关于[redacted]项目的情况说明

[redacted]水利局已于 2020 年 12 月 16 日批复同意了《新[redacted]项目水土保持方案》([redacted]〔2020〕81 号)，防治责任范围面积为 6.06 公顷。项目实施过程中，为节约成本，项目开挖土方暂时堆放在项目西侧空地，经现场测量，堆土面积约为 0.65 公顷，占批复防治责任范围面积约 10.72%，未超过 30%。

我公司承诺，加强该区域水土保持防护措施，项目完工后及时复绿。

[redacted]有限公司

[redacted]日

图 7-23　未超出防治责任范围的证明材料不充分

施工图不能作为佐证材料(图 7-24)。

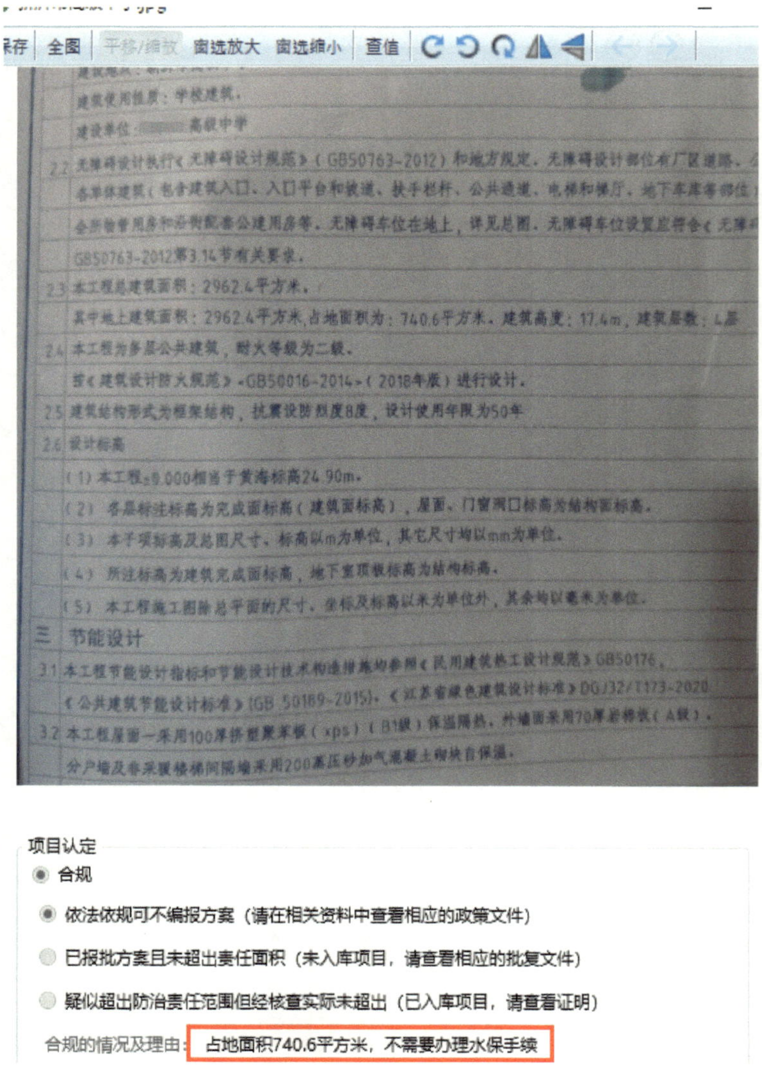

保存 | 全图 | 平移/缩放 | 窗选放大 | 窗选缩小 | 查值

建筑使用性质：学校建筑。

建设单位：[illegible]高级中学

2.2 无障碍设计执行《无障碍设计规范》（GB50763-2012）和地方规定。无障碍设计部位有厂区道路、

各单体建筑（包含建筑入口、入口平台和坡道、扶手栏杆、公共通道、电梯和梯厅、地下车库等部位

会所物管用房和沿街配套公建用房等。无障碍车位在地上，详见总图。无障碍车位设置应符合《无障碍

GB50763-2012第3.14节有关要求。

2.3 本工程总建筑面积：2962.4平方米。

其中地上建筑面积：2962.4平方米，占地面积为：740.6平方米。建筑高度：17.4m，建筑层数：4层

2.4 本工程为多层公共建筑，耐火等级为二级。

按《建筑设计防火规范》<GB50016-2014>（2018年版）进行设计。

2.5 建筑结构形式为框架结构，抗震设防烈度8度，设计使用年限为50年

2.6 设计标高

（1）本工程±0.000相当于黄海标高24.90m。

（2）各层标注标高为完成面标高（建筑面标高），屋面、门窗洞口标高为结构面标高。

（3）本子项标高及总图尺寸，标高以m为单位，其它尺寸均以mm为单位。

（4）所注标高为建筑完成面标高，地下室顶板标高为结构标高。

（5）本工程施工图除总平面的尺寸，坐标及标高以米为单位外，其余均以毫米为单位。

三 节能设计

3.1 本工程节能设计指标和节能设计技术构造措施均参照《民用建筑热工设计规范》GB50176，

《公共建筑节能设计标准》(GB 50189-2015)，《江苏省绿色建筑设计标准》DGJ32/TJ173-2020

3.2 本工程屋面一采用100厚挤塑聚苯板（xps）（B1级）保温隔热，外墙面采用70厚岩棉板（A级）。

分户墙及非采暖楼梯间隔墙采用200蒸压砂加气混凝土砌块自保温。

图 7-24　施工单位的图纸不能作为依据

规划不能作为佐证材料(图 7-25)。

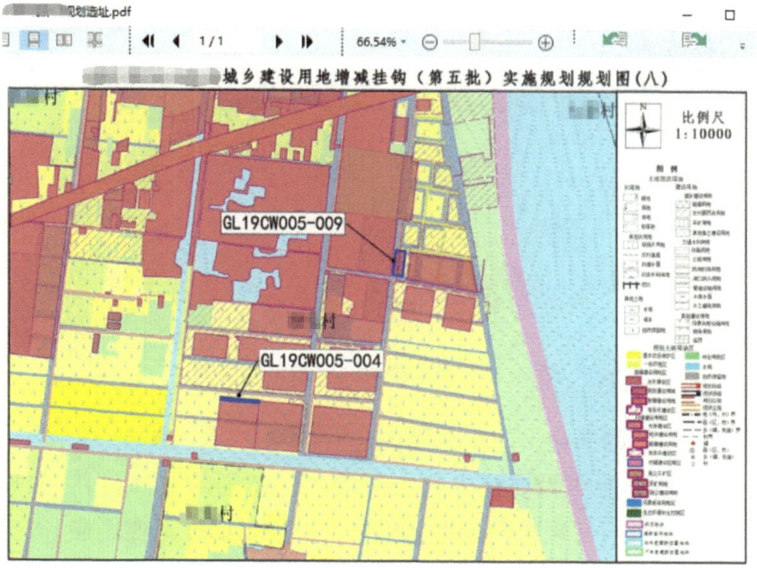

图 7-25　选址规划不能作为依据

问题 26:用其他材料充当批复文件

水土保持方案报告书、审查会通知、审查意见等均不是有效的佐证材料(图 7-26)。

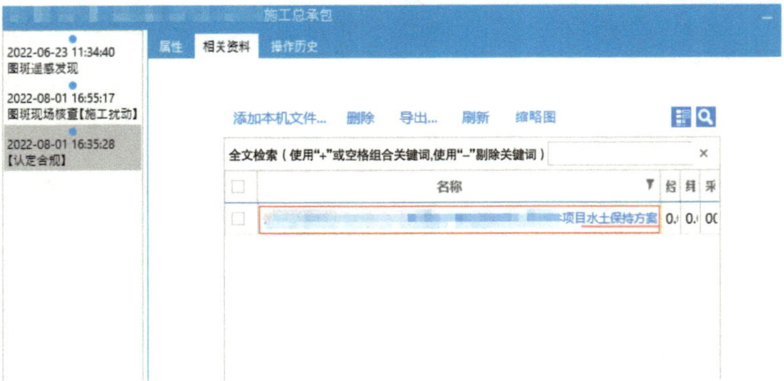

图 7-26　用其他材料充当批复文件

问题 27:无效的未超出防治范围佐证材料

上传的材料不能作为项目未超出防治责任范围的支撑材料,如现场视频(图 7-27);对核查后发现未超出防治责任范围的图斑,无现场照片,无图斑修改前后的面积截图。

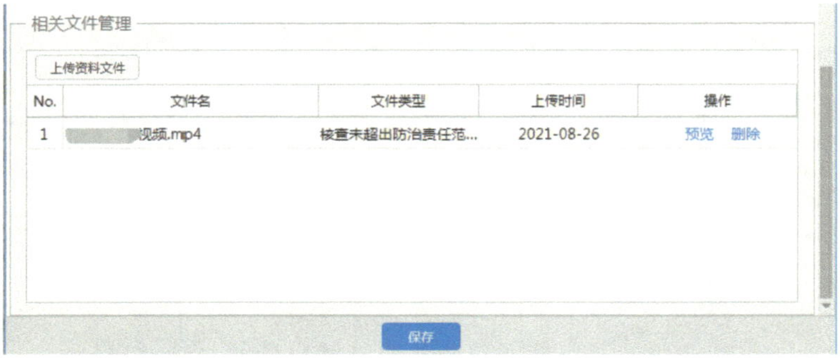

图 7-27　无效的未超出防治范围佐证材料

问题 28:合规性判断错误

已获得批复文件但判定为依法依规可不编报方案(图 7-28)。已超出防治责任范围 30%以上,仍然认定为合规且未超出防治责任范围,也未提供佐证材料(图 7-29)。

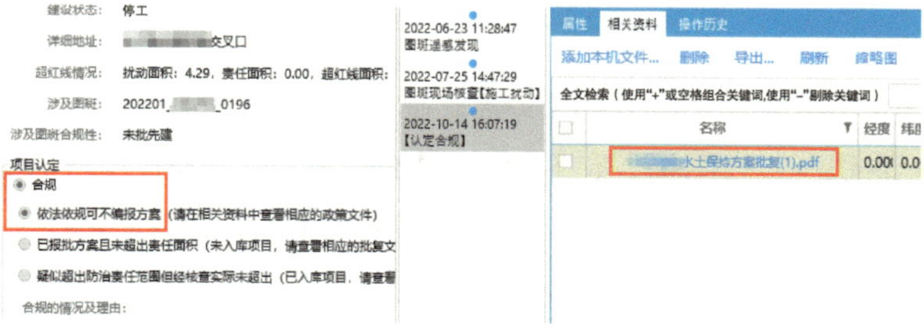

图 7-28 有批复文件判定为依法依规可不编报方案

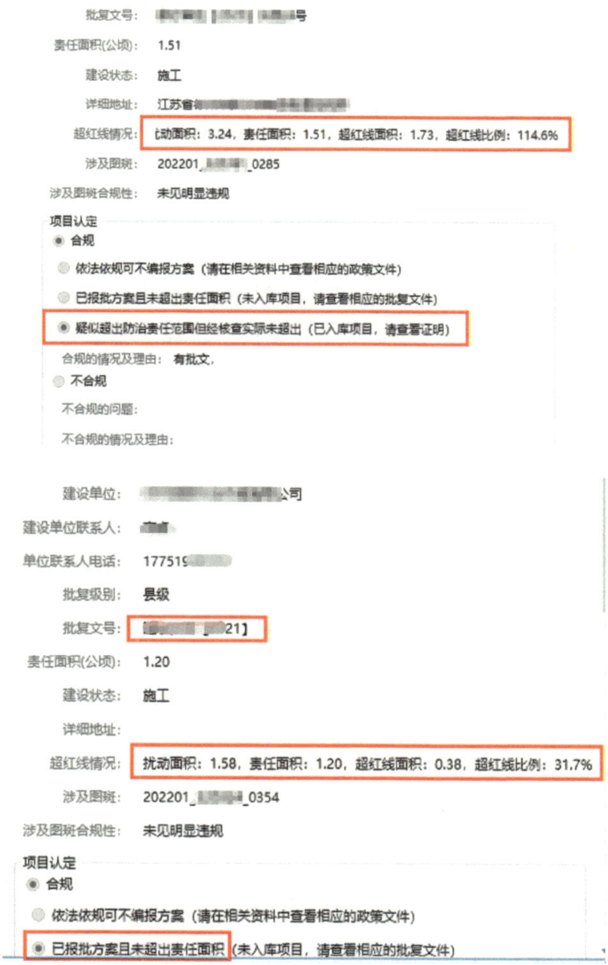

图 7-29 超出防治责任范围 30%认定为合规

问题 29：对于前期未编制方案，目前项目正在变更，或正在编制方案的项目，如何判定和处理？

认定为未批先建，并备注正在补办水土保持相关手续。此类项目应进行查处，待方案批复后，可在整改环节上传批复文件作为整改完成的材料支撑。对于水土保持方案已进入审批流程的项目，可以酌情考虑。

7.3 不合规项目查处常见问题

问题 30：一个整改意见对应多个项目（图 7-30）。整改意见应与项目对应，避免一个文件笼统对应所有项目。

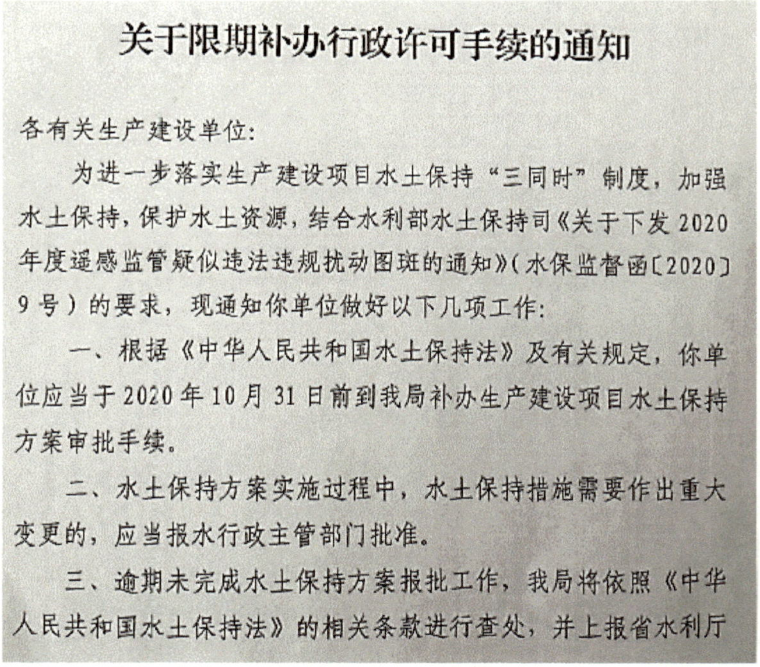

关于限期补办行政许可手续的通知

各有关生产建设单位：

为进一步落实生产建设项目水土保持“三同时”制度，加强水土保持，保护水土资源，结合水利部水土保持司《关于下发2020年度遥感监管疑似违法违规扰动图斑的通知》（水保监督函〔2020〕9号）的要求，现通知你单位做好以下几项工作：

一、根据《中华人民共和国水土保持法》及有关规定，你单位应当于2020年10月31日前到我局补办生产建设项目水土保持方案审批手续。

二、水土保持方案实施过程中，水土保持措施需要作出重大变更的，应当报水行政主管部门批准。

三、逾期未完成水土保持方案报批工作，我局将依照《中华人民共和国水土保持法》的相关条款进行查处，并上报省水利厅

图 7-30　整改通知书不规范

问题 31：整改通知书中的建设单位与项目的建设单位不一致。

问题 32：整改通知书中未明确整改期限。

问题 33：整改通知书中的整改期限与录入系统的时间期限不一致。

问题 34：只上传了送达回执，未上传整改通知书正文。

问题 35:未完整上传整改通知书。

问题 36:整改通知书的表述与项目信息不匹配(如名称、不合规形式、责任人等)。

问题 37:项目涉及的水土保持不合规问题描述不清晰等。

问题 38:对于疑似超出防治责任范围的图斑,经核实认定为“未超出防治责任范围”应上传哪些佐证材料?

应说明情况及理由,提供项目未超出防治责任范围的佐证材料,如图斑边界错误及修正后未超出的截图证明、重新计算防治责任范围面积大小的截图证明、项目监管无人机图件、结论性意见等。

问题 39:对投产使用(或竣工验收)2 年以上的生产建设项目,未依法编报水土保持方案或未依法变更水土保持方案的,是否需要补报或补充变更水土保持方案? 未开展水土保持监测、监理工作的,是否需要开展水土保持监测监理?

对投产使用(或竣工验收)2 年以上的生产建设项目,不再要求补报或补充变更水土保持方案,不再要求开展水土保持监测、监理工作,但因项目建设造成水土流失或其他违反水土保持法律法规的行为,将根据相关规定处理。

问题 40:对投产使用(或竣工验收)2 年以上的生产建设项目,在批准的水土保持方案确定的专门存放地外弃渣的,如何处理?

对投产使用(或竣工验收)2 年以上的生产建设项目,在批准的水土保持方案确定的专门存放地外弃渣的项目,不再办理弃渣场变更审批手续,但生产建设单位应就新设弃渣场选址及水土流失防治情况编制专题报告,说明弃渣场稳定评估结论,经水土保持方案技术评审单位技术审查认可后,可作为水土保持设施自主验收的依据。

问题 41:对投产使用(或竣工验收)2 年以上的生产建设项目,存在水土保持不合规问题的,如何追究责任?

对发现的水土保持不合规问题,水行政主管部门要书面告知生产建设单位其违法事实,根据情况进行集中约谈、通报批评、纳入重点监管名单、信用惩戒等。

问题 42:对投产使用(或竣工验收)2 年以上的生产建设项目,生产建设单位已注销或者无法联系、破产、停产的,如何处理?

对确认生产建设单位已注销、法人资格不再存续的,不需查处,但应记录在案备查。对生产建设单位无法联系、破产或者停产,但法人仍然存续且存在水土流失问题的，按照法定程序查处，行政处罚决定难以执行的，申请法院强制执行。

问题 43：对在建及投产使用（或竣工验收）未满 2 年的生产建设项目，未依法编报水土保持方案或依法变更水土保持方案的，是否需要补报水土保持方案？

对未编报水土保持方案的生产建设项目，责令停止违法行为、限期补报水土保持方案，逾期不补报的处以罚款。对已获得水土保持方案批复，应当变更水土保持方案未变更的生产建设项目，责令停止违法行为、限期补充变更水土保持方案，对逾期不补报的处以罚款。

问题 44：对在建及投产使用（或竣工验收）未满 2 年的生产建设项目，未依法开展水土保持监测、监理工作的，是否需要开展水土保持监测、监理？

对未依法开展水土保持监测、监理工作的在建生产建设项目，要求开展水土保持监测、监理工作，编制水土保持监测、监理报告；投产使用（或竣工验收）未满 2 年的，不再要求开展水土保持监测、监理工作，但仍需编制相应报告。

问题 45：对完成建设及投产使用（或竣工验收）未满 2 年的生产建设项目，未依法开展水土保持设施验收的，是否需要开展水土保持设施验收？

对完成建设未满 2 年未开展水土保持验收的生产建设项目，要求生产建设单位开展水土保持设施自主验收。

问题 46：对在建及投产使用（或竣工验收）未满 2 年的生产建设项目，新设弃渣场有何要求？

在生产建设项目实施过程中，在批准的水土保持方案确定的专门存放地外新设弃渣场的，需先做好相关防护措施，确保不产生水土流失危害，并及时向原审批部门办理变更审批手续。

问题 47：生产建设单位完成水土保持设施验收的时限是什么？

生产建设项目投产使用或在竣工验收前，生产建设单位应当完成水土保持设施自主验收和报备。

问题 48：《中华人民共和国水土保持法》（以下简称《水土保持法》）第 52 条、第 53 条、第 55 条、第 56 条、第 57 条等条款中的“限期”如何界定？

《水土保持法》相关条款中关于限期改正、限期补办手续、限期治理或清理的期限属于行政机关行使自由裁量权的范围，由各级水行政主管部门根据实际所需提出时间要求。

问题 49:《水土保持法》第 53 条、第 55 条“责令停止违法行为”是指什么?如何适用?

《水土保持法》第 53 条未经批准(或变更)水土保持方案而开工建设的罚则中,“责令停止违法行为”是指责令停止扰动地面、破坏植被的违法建设行为;《水土保持法》第 55 条在批准的水土保持方案确定的专门存放地外弃渣的罚则中,“责令停止违法行为”是指责令停止违法弃渣行为。

问题 50:《水土保持法》第 54 条“责令停止生产或者使用”是指什么? 如何适用?

《水土保持法》第 54 条生产建设项目未经水土保持设施验收而投产使用的罚则中“责令停止生产或者使用”是指行政处罚中的“责令停产停业”。

问题 51:实施水土保持行政处罚时,如何界定违法行为情节轻重并裁量处罚金额?

水利部出台了《水土保持违法行为违法情节及行政处罚自由裁量权参照执行标准》(办水保〔2019〕172 号),各级水行政主管部门实施行政处罚时可参照执行,也可参考地方有关规定确定。

问题 52:建设期间未开展水土保持监测工作的生产建设项目,水土保持监测报告如何编制?

建设期间应当开展监测工作而未开展的,要结合遥感影像、现场调查,并查阅建设项目设计、施工、监理等资料,补报水土保持监测季报和监测总结报告。

问题 53:生产建设项目或活动造成水土流失不治理的,如何处理?

对开办生产建设项目或者从事其他生产建设活动造成水土流失不治理的,责令限期治理。逾期不治理的,可以指定有治理能力的单位代为治理,所需费用由违法行为人承担。

问题 54:对《水土保持法》中未设定罚则的其他不履行水土流失防治责任的违法行为,如何处理?

对《水土保持法》中未设定罚则的其他不履行水土流失防治责任的违法行为,责令停止违法行为,提出整改意见。逾期未完成整改的,进行责任追究。

问题 55:对不履行水土流失防治义务的责任单位,如何追究责任?

除依法实施查处外,各级水行政主管部门可采取约谈、通报批评、纳入重点监管名单、信用惩戒等方式,对不履行水土流失防治义务的责任单位追究责任。

附件

附件 1 水土保持遥感监管"核-认-查-改"现场工作流程

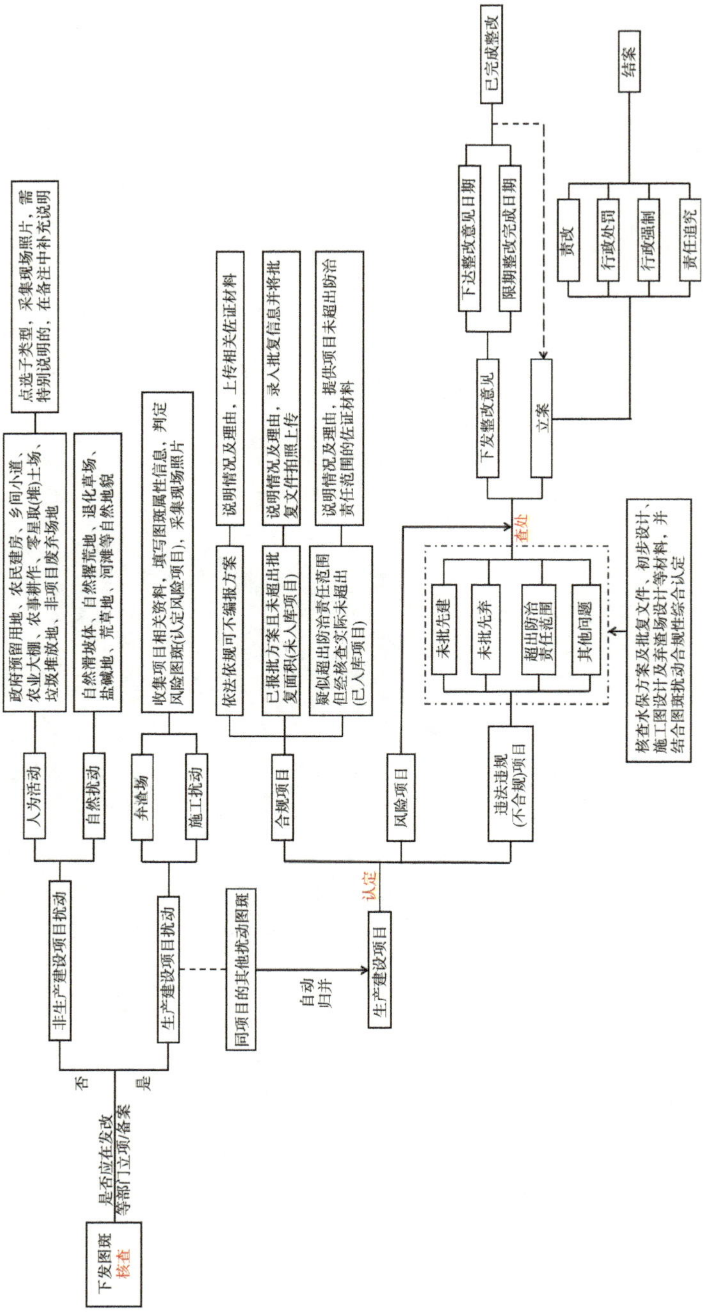

附件 2　生产建设项目水土保持信息化监管技术规定(试行)

生产建设项目水土保持信息化监管技术规定(试行)

水利部水土保持司

二〇一八年一月

1 总则

1.1 目的

为规范、加强生产建设项目水土保持信息化监管工作，保障其有效、顺利实施，依据有关法律法规和技术标准，结合生产建设项目水土保持事中事后监管需求，制定本技术规定。

1.2 适用范围

本技术规定适用于全国、流域、省（自治区、直辖市）、市（州、盟）、县（市、区、旗）生产建设项目水土保持信息化监管工作。

1.3 规范性引用文件

(1)《水土保持术语》(GB/T 20465—2006)

(2)《生产建设项目水土保持技术规范》(GB 50433—2008)

(3)《生产建设项目水土流失防治标准》(GB 50434—2008)

(4)《数字测绘产品质量要求》(GB/T 17941.1)

(5)《数字测绘成果质量检查与验收》(GB/T 18316—2008)

(6)《遥感影像平面图制作规范》(GB/T 15968—2008)

(7)《国家大地测量基本技术规定》(GB 22021—2008)

(8)《水土保持监测技术规程》(SL 277—2002)

(9)《水土保持信息管理规范》(SL 341—2006)

(10)《土壤侵蚀分类分级标准》(SL 190—2007)

(11)《水土保持遥感监测技术规范》(SL 592—2012)

(12)《基础地理信息数字产品 1∶10 000、1∶50 000 数字正射影像图》(CH/T 1009—2001)

(13)《低空数字航空摄影测量内业规范》(CH/Z 3003—2010)

(14)《低空数字航空摄影测量外业规范》(CH/Z 3004—2010)

(15)《低空数字航空摄影规范》(CH/Z 3005—2010)

(16)《土地利用动态遥感监测规程》(TD/T 1010—2015)

(17)《测绘管理工作国家秘密范围的规定》(国测办字〔2003〕17 号)

(18)《关于印发〈公开地图内容表示补充规定(试行)〉的通知》(国测图字〔2009〕2 号)

(19)《关于印发〈基础地理信息公开表示内容的规定(试行)〉的通知》(国

测成发〔2010〕8号)

(20)《关于印发〈遥感影像公开使用管理规定(试行)〉的通知》,(国测成发〔2011〕9号)

(21)《全国水土保持信息化规划(2013—2020年)》(水保〔2013〕147号)

(22)《全国水土保持信息化实施方案》(水保〔2014〕336号)

(23)《全国水土保持信息化工作2015—2016年实施计划》(办水保〔2015〕88号)

(24)《水利部流域管理机构生产建设项目水土保持监督检查办法(试行)》(办水保〔2015〕132号)

(25)《生产建设项目水土保持监测规程(试行)》(办水保〔2015〕139号)

(26)《水利部生产建设项目水土保持方案变更管理规定(试行)》(办水保〔2016〕65号)

(27)《水利部办公厅关于进一步加强流域机构水土保持监督检查工作的通知》(办水保〔2016〕211号)

(28)《水利部关于加强水土保持监测工作的通知》(水保〔2017〕36号)

(29)《全国水土保持信息化工作2017—2018年实施计划》(办水保〔2017〕39号)

(30)《水利部关于加快推进水土保持目标责任考核的指导意见》(水保〔2017〕108号)

2 术语及定义

(1) 生产建设项目水土保持信息化监管:在本技术规定中,指用"天地一体化"方式开展生产建设项目水土保持监管,即综合应用卫星或航空遥感(RS)、GIS、GPS、无人机、移动通信、快速测绘、互联网、智能终端、多媒体等多种技术,开展的生产建设项目水土保持监管及其信息采集、传输、处理、存储、分析、应用的过程。

(2) 区域监管:全称为生产建设项目水土保持信息化区域监管,是指以某一区域(如某流域、省、市、县或者某功能区等)为监管范围,采用遥感调查和现场复核相结合的方法,通过分工协作和上下协同,对区域内所有生产建设项目扰动状况开展的整体性、全局性监管。

(3) 项目监管:全称为生产建设项目水土保持信息化项目监管,是指以单个已批复水土保持方案的生产建设项目为监管对象，采用卫星遥感调查、无人机和移动终端现场信息采集相结合的方法，对该生产建设项目扰动状况和水土保持措施落实情况等开展的多频次、高精度监管。

(4) 扰动地块：指生产建设活动中各类开挖、占压、堆弃等行为造成地表覆盖状况发生改变的土地。

(5) 扰动图斑：指扰动地块在信息化监管专题成果图上的反映。

(6) 扰动合规性：指生产建设项目的扰动状况是否符合水土保持有关规定。

(7) 设计资料矢量化：指将生产建设项目防治责任范围图、水土保持措施布局图、取(弃)土(包括渣、石、砂、矸石、尾矿等，下同)场平面布置图等图件进行空间配准、边界勾绘和属性录入，最终获得具有空间地理信息和属性信息的矢量文件的过程。

3 基本规定

3.1 监管对象

(1) 区域监管：区域内所有存在开挖、占压、堆弃等扰动或者破坏地表行为的生产建设项目，包括已经批复水土保持方案的项目和未批先建的项目。项目分类见附录1。

(2) 项目监管：各级水行政主管部门本级管理的生产建设项目。

3.2 监管模式

生产建设项目水土保持信息化监管包含区域监管和项目监管两种模式。

(1) 区域监管：针对某一区域开展的生产建设项目水土保持信息化监管工作。通过水土流失防治责任范围图的矢量化，实现已批生产建设项目位置和范围的空间化管理，利用遥感影像开展区域内生产建设项目扰动状况遥感监管，掌握区域生产建设项目空间分布、建设状态和整体扰动状况，为水行政主管部门开展监管工作提供依据。

(2) 项目监管：针对某个具体项目开展的生产建设项目水土保持信息化监管工作。通过开展水土流失防治责任范围图、措施布局图的矢量化，实现本级已批生产建设项目位置、范围、措施布局的空间化管理，利用中、高分辨率遥感影像及无人机航摄成果等开展本级管理项目遥感监管，掌握项目的扰动合规性、水土保持方案落实及变更等情况，为本级生产建设项目监督检查工作提供依据。

各级水行政主管部门可根据实际需要，选用区域监管或者项目监管模式，也可以综合运用区域监管和项目监管两种模式，开展生产建设项目水土保持信息化监管工作。

3.3 监管内容与指标

生产建设项目水土保持信息化区域监管和项目监管的共性内容与指标包括以下内容：

（1）扰动地块边界。

（2）扰动地块面积。

（3）扰动地块类型包括“弃渣场”和“其他扰动地块”等。

（4）扰动变化类型包括“新增扰动”“扰动范围扩大”“扰动范围缩小”“扰动范围不变”“不再扰动”等。

（5）建设状态是指扰动地块所处的施工阶段，分为施工（含建设生产类项目运营期施工）、停工、完工。

（6）扰动合规性是对于区域监管而言的，扰动合规性包括“合规”、“未批先建”、“超出防治责任范围”和“建设地点变更”等 4 种情况。

“合规”是指某生产建设项目产生的扰动位于该项目批复水土流失防治责任范围内部；“未批先建”是指生产建设项目未按要求编报水土保持方案就先行开工；“超出防治责任范围”是指生产建设项目产生的扰动超出水土保持方案防治责任范围；“建设地点变更”是指生产建设项目产生的扰动位于水土保持方案防治责任范围外部。

对于项目监管模式而言，扰动合规性包括“合规”、“超出防治责任范围”和“建设地点变更”等 3 种情况。

此外，生产建设项目水土保持信息化项目监管还应包括以下内容与指标：

（1）水土保持方案变更情况：项目所在地点、规模是否发生重大变更。

（2）表土剥离、保存和利用情况：对生产建设项目所占用土地的地表土是否进行了剥离、保存、利用。

（3）取（弃）土场选址及防护情况：是否按照批复水土保持方案的要求设置取（弃）土场；是否按照“先拦后弃”的要求进行堆弃，取（弃）土场的各类水土保持措施是否及时到位；弃渣工艺是否合理，是否做到逐级堆弃、分层碾压。

（4）水土保持措施落实情况：已完工项目植物措施总面积与方案设计相比

是否存在减少 30%以上的情况;是否存在水土保持重要单位工程措施体系发生变化,导致水土保持功能显著降低或丧失的情况。

(5) 历次检查整改落实情况:是否按照各级监管部门以往提出的监督检查意见,落实整改措施。

3.4 技术路线

区域监管技术路线如图 3-1 所示,项目监管技术路线如图 3-2 所示。

区域监管包括资料准备、遥感监管、成果整编与审核评价 3 部分。首先开展资料准备,包括收集、整理区域内各级水行政部门审批水土保持方案的生产建设项目资料,收集、处理覆盖区域范围的遥感影像;结合遥感解译标志,开展生产建设项目扰动图斑遥感解译;通过解译结果和防治责任范围的空间叠加分

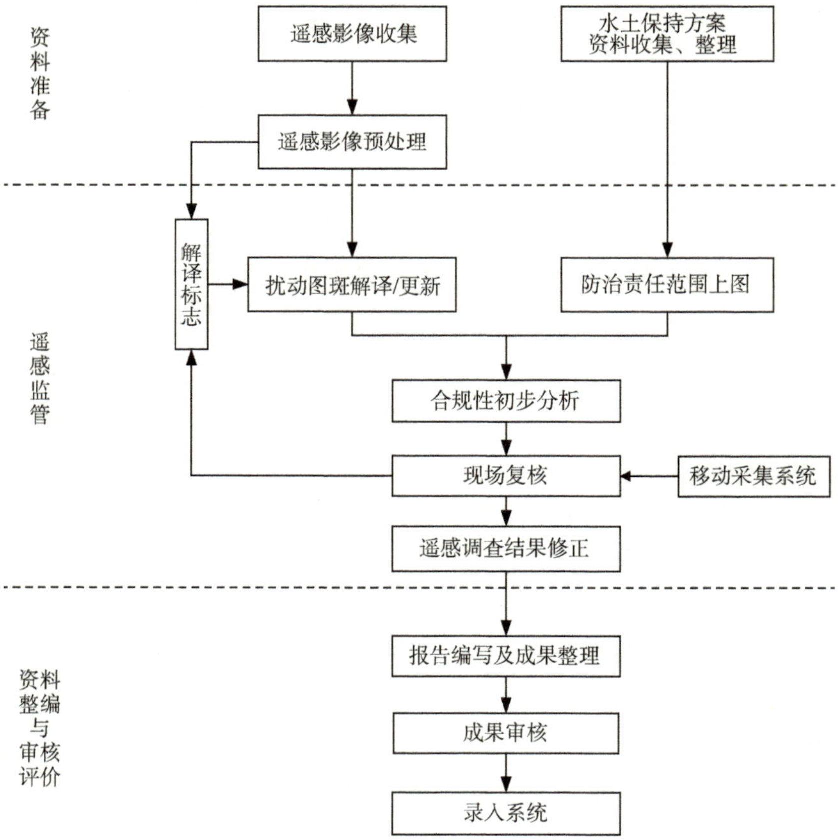

图 3-1　区域监管技术路线图

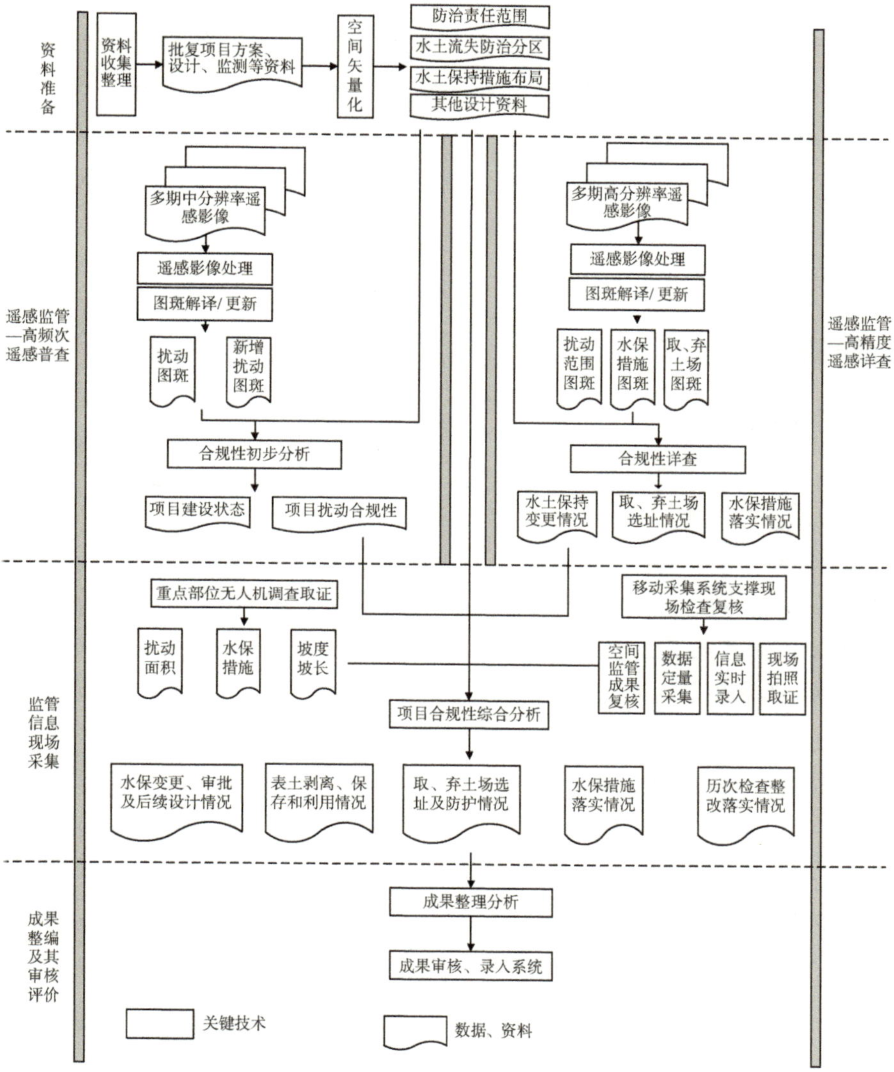

图 3-2　项目监管技术路线图

析初步判断扰动合规性；利用移动采集系统开展现场复核，根据复核结果对遥感监管成果进行修正；最后开展报告编写、成果整理与审核以及录入系统等工作。

项目监管包括资料准备、遥感监管、监管信息现场采集、成果整编与审核评价 4 部分。资料准备包括本级审批的生产建设项目水土保持方案、设计资料等整理，并对防治责任范围图、水土保持措施布局图、水土流失防治分区图等图件资料进行空间矢量化。遥感监管分为高频次遥感普查和高精度遥感详查，分别进行影像资料收集、处理工作，基于遥感影像开展扰动范围图斑、水土保持措施图斑等解译工作，再对解译成果和设计资料进行空间分析，初步判断项目水土保持合规性。利用无人机和移动采集系统开展监管信息采集，并对遥感监管成果进行复核，以便综合分析项目合规性。最后开展成果整理分析、审核以及录入系统等工作。

4　区域监管

4.1　资料准备

4.1.1　资料收集整理

4.1.1.1　收集资料内容

收集资料内容包括本底资料收集和年度更新资料收集两部分。本底资料是指各级水行政部门首次开展信息化监管工作时收集的历年批复的生产建设项目水土保持方案报告书(报批稿)、报告表、登记表、批复文件、防治责任范围图等资料;年度更新资料是指建立本底数据库后，每年批复的生产建设项目水土保持方案等相关资料。

4.1.1.2　资料整理要求

对上述资料进行整理，并建立生产建设项目汇总表(表 4-1)。

电子资料按原格式存储;纸质版资料应扫描方案特性表、防治责任范围图和水土保持方案批复文件等，图件资料扫描要求彩色，分辨率为 300 dpi，清晰无变形，以 JPG 格式存储；文字资料扫描后清晰可辨，以 PDF 格式存储。

表 4-1　＊＊＊(监管区域)生产建设项目汇总表

填表单位：　　年　　月　　日

序号	项目名称	批复文号	审批单位	备注
1				
2				
……	……	……	……	……

填表人：　　　　　　　　　　审核人：

资料整理成果分级存放目录如下：

1）一级目录

命名方式：＊＊＊(监管区域)水土保持方案资料。

2）二级目录

本目录下，包括生产建设项目汇总表和三级目录。三级目录以“批复文号＋年度顺序号＋项目名称”的方式命名。

3）三级目录

本目录下包含以下资料：

(1) 水土保持方案报批稿，命名方式：“批复文号＋生产建设项目名称＋FA”，格式：PDF 或 Word。

(2) 防治责任范围图，命名方式：“批复文号＋生产建设项目名称＋FW”，格式：SHP、DWG 或 JPG。

(3) 方案批复文件，命名方式：“批复文号＋生产建设项目名称＋PF”，格式：PDF。

(4) 水土保持方案特性表，命名方式：“批复文号＋生产建设项目名称＋TX”，格式：PDF。

4）命名时，如批复文号和项目名称中存在“/”“〔〕”特殊符号导致无法保存的情况，将特殊符号删除，并新增备注文件进行说明。

4.1.2　设计资料矢量化

4.1.2.1　工作内容

将生产建设项目设计资料(本章节为水土流失防治责任范围图)进行空间化和图形化处理，获得具有空间地理坐标信息和属性信息的矢量图。其中，空间化是指将不具有明显地理空间坐标信息的图件，采用空间定位、地理配准、几何校正等方法，配准到正确地理位置上，并使其具有相应地理空间坐标信息的过程；图形化是指采用人机交互的方法绘制防治责任范围边界、利用拐点坐标自动生成防治责任范围折线图，或者通过缓冲分析自动生成面状图形并录入相关属性信息的过程。

4.1.2.2　技术流程

1）防治责任范围图空间文件的获取

防治责任范围主要有纸质扫描图、DWG 格式图以及用控制点坐标表示范围等多种类型，部分防治责任范围没有相关坐标信息，无法满足矢量化要求。

针对不同类型，提出了不同矢量化方法。

(1) 防治责任范围以控制点坐标表示：在地理信息软件中，可直接将控制点信息转化为 SHP 格式(Polygon)矢量文件，然后进行坐标转换。

(2) 防治责任范围为扫描栅格图(JPG 格式)：矢量化过程包括初步定位、精确配准、边界勾绘等步骤。

(3) 防治责任范围为矢量图(DWG 格式，有地理坐标信息)：矢量化过程仅包括格式转换和坐标转换。

(4) 防治责任范围为矢量图(DWG 格式，没有地理坐标信息)：矢量化过程包括栅格化、初步定位、地理配准、防治责任范围边界勾绘等步骤。

(5) 不符合矢量化要求的防治责任范围图，需进行示意性上图。①点型项目：以项目中心点为圆心，绘制一个直径为 100 m 的圆形，并填写相应属性，同时应在备注中注明“示意性上图”；②线型项目：根据项目走向、经纬度等信息，绘制示意性的面状图形，并填写相应属性，同时应在备注中注明“示意性上图”。

不同类型防治责任范围图矢量化过程如图 4-1 所示。

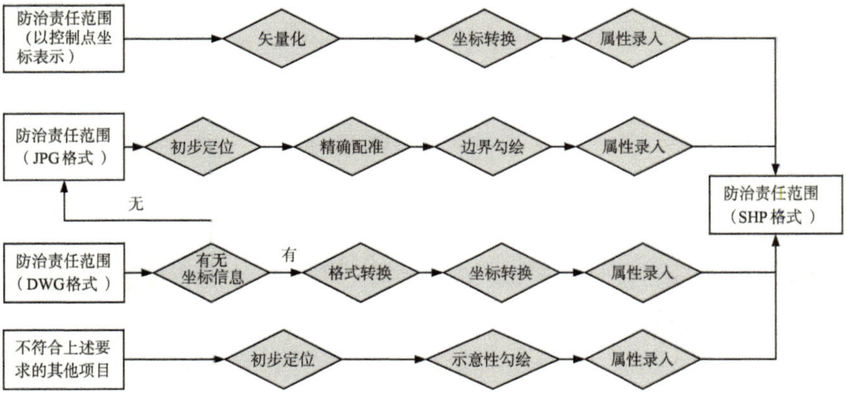

图 4-1 生产建设项目防治责任范围图矢量化技术流程

2) 属性信息录入

建立矢量文件属性表(属性表格式见附录 2-1 至附录 2-3)，可录入项目名称、建设单位、批复机构、批复文号、批复时间、防治责任面积等属性信息。

4.1.2.3 成果要求

(1) 矢量化后的防治责任范围图应选取不少于 2 个特征点进行精度检查，特征点相对于基础控制数据上同名地物点偏差不应大于 1 个像元。

(2) 防治责任范围图 Shapefile 格式的矢量数据命名方式为"FZ_XXXXXX_YYYYQQ"。"FZ"为"防治"的拼音首字母;"XXXXXX"为监管区域的行政区划代码,以国家统计局网站公布的最新行政代码为准;"YYYYQQ"表示 YYYY 年开展第 QQ 期生产建设项目水土保持监管工作。

(3) 数据格式及命名方式应满足"水土保持监督管理信息移动采集系统"的录入要求。

4.2 遥感监管

4.2.1 工作目标

获取适宜分辨率遥感影像,实现区域生产建设项目遥感监管全覆盖,掌握区域内所有生产建设项目扰动状况,并对其合规性进行初步分析。

4.2.2 遥感影像收集

4.2.2.1 影像数据

应根据监管区域调查成果的精度要求,选择适宜类型与空间分辨率的遥感影像作为遥感监管的数据源。不同成图比例尺与常用遥感影像空间分辨率的对应关系见表 4-2。

表 4-2 不同成图比例尺与常用遥感影像空间分辨率对应关系表

序号	成图比例尺	遥感影像空间分辨率
1	1∶5 000	优于 1 m
2	1∶10 000	优于 2.5 m
3	1∶25 000	优于 5 m

4.2.2.2 时相要求

应根据监管工作需求,选择遥感影像的成像时间,同一地区多景遥感影像的时相应相同或者相近。

东北地区时相宜选择 5 月下旬至 6 月中旬或 8 月下旬至 9 月中旬;华北地区宜选择 3 月下旬至 4 月下旬或 7 月至 9 月;华中、华南和西南的北部地区宜选择 3 月上旬至 4 月上旬或 10 月下旬至 11 月上旬;华南大部和西南的南部地区宜选择 11 月至次年 2 月的影像;西北地区宜选择 7 月至 9 月的影像。

4.2.2.3 技术要求

(1) 影像没有坏行、缺带、条带、斑点噪声和耀斑,云量少(优先采用晴空影像,总云量不超过 5%)。

(2) 影像清晰，地物层次分明，色调均一，尽可能保证数据源单一。

(3) 影像头文件齐全，包含拍摄时间、传感器类型、太阳高度角、太阳辐照度、中心点经纬度等技术参数。

(4) 优先选用包含蓝光、绿光、红光、近红外波段的遥感影像。

4.2.3 遥感影像处理

4.2.3.1 工作内容

对遥感影像进行预处理，以满足生产建设项目扰动图斑遥感解译要求；同时，若区域涉及多景遥感影像镶嵌拼接的，应保留遥感影像镶嵌线矢量文件，记录镶嵌影像的时相和接边等信息。

4.2.3.2 技术流程

对遥感影像依次开展正射校正、信息增强、融合、镶嵌等处理；在镶嵌时，可获得影像镶嵌线矢量文件。

4.2.3.3 成果要求

处理后的遥感影像应满足如下要求：

1) 经过正射校正的遥感数据产品，特征地物点相对于基础控制数据上同名地物点的点位中误差平地、丘陵地区不大于 1 个像元，山地和高山地区不大于 2 个像元。特殊地区可放宽 0.5 倍(特殊地区指大范围林区、水域、阴影遮蔽区、沙漠、戈壁、沼泽或滩涂等)。取中误差的两倍为其限差(参照 TD/T 1010—2015)。

2) 成果影像的大地基准采用“CGCS2000 国家大地坐标系统”(参照 GB 22021—2008)。

高程基准采用“1985 国家高程基准”(参照 GB 22021—2008)。

当成图比例尺大于等于 1∶10 000 时，采用 3°分带；当成图比例尺小于 1∶10 000时，采用 6°分带。(参照 TD/T 1010—2015)

3) 影像的清晰度、层次感、色彩饱和度、信息丰富度好，扰动图斑影像特征与其他地物差异明显。

4) 不同数据源影像经信息增强处理后，同一监管区域的影像色彩、整体效果与上一期影像一致。

5) 影像镶嵌接边处位置偏差满足如下要求：平地、丘陵地相邻影像重叠误差限差不应大于 2 个像元，山地、高山地误差限差不应大于 4 个像元(参照 TD/T 1010—2015)。镶嵌处理后的遥感影像为 TIFF 格式。

6）遥感影像成果应符合安全保密相关规定。

7）遥感影像成果和镶嵌线文件命名方式如下：

（1）遥感影像成果以“YGYX_XXXXXX_YYYYQQ.TIFF”的方式命名。其中，“YGYX”为“遥感影像”的拼音首字母；“XXXXXX”为监管区域的6位行政区划代码（如广东省广州市花都区为440114），以国家统计局网站公布的最新行政代码为准；“YYYYQQ”表示YYYY年开展第QQ期生产建设项目水土保持信息化区域监管工作，如广东省广州市花都区2016年开展第二期生产建设项目水土保持信息化区域监管工作使用的遥感影像命名为“YGYX_440114_201602.TIFF”。

（2）镶嵌线文件为矢量文件（Shapefile文件，要素类型为Polygon，属性表见附录3，下同）。该矢量文件以“XQX_XXXXXX_YYYYQQ”的方式命名。“XQX”为“镶嵌线”拼音首字母；“XXXXXX”为监管区域的行政区划代码，以国家统计局网站公布的最新行政代码为准；“YYYYQQ”表示YYYY年开展第QQ期生产建设项目水土保持信息化区域监管工作。

（3）数据格式及命名方式应满足“水土保持监督管理信息移动采集系统”录入要求。

4.2.4 解译标志建立

4.2.4.1 工作内容

根据遥感影像特征和野外现场调查结果，建立不同类型生产建设项目扰动图斑解译标志。

4.2.4.2 技术流程

（1）选取不同类型典型生产建设项目，开展现场调查。

（2）选择现场拍摄的照片，遥感影像上标记照片拍摄的地点。

（3）按照要求截取遥感影像和照片，填写生产建设项目解译标志图斑编号、位置、影像特征等信息。解译标志的样例见附录4-1。

4.2.4.3 成果要求

（1）解译标志应包含监管区域所有生产建设项目类型。

（2）每种类型生产建设项目的解译标志不少于2套。

（3）弃渣场解译标志不少于3套。

（4）每套解译标志包含1张实地照片和对应的遥感影像，遥感影像上标注照片拍摄区域。

4.2.5　扰动图斑解译及属性录入

4.2.5.1　工作内容

根据预处理后的遥感影像，采用人机交互解译或者面向对象分类解译等方法，开展区域内所有生产建设项目扰动图斑勾绘和属性录入工作。

4.2.5.2　技术流程

主要有人机交互和面向对象 2 种方法，技术流程分别为：

1）人机交互方法

根据遥感影像特征，以先验知识和遥感解译标志作为参考，利用遥感图像处理软件或者 GIS 软件勾绘生产建设项目扰动图斑。

(1) 建立监管区域扰动图斑矢量文件(Polygon)，以“RDTB_XXXXXX_YYYYQQ”形式命名。“RDTB”为“扰动图斑”拼音首字母；“XXXXXX”为监管区域行政区划代码(以国家统计局网站公布的最新行政代码为准)；“YYYYQQ”表示 YYYY 年开展的第 QQ 期扰动图斑解译工作。建立属性字段，属性字段见附录 5。

(2) 参考解译标志，利用遥感或者 GIS 等相关软件人工勾绘监管区域扰动图斑，并初步判断、填写扰动图斑相关属性信息。

(3) 对图斑勾绘及属性录入成果进行抽查审核。

(4) 根据审核检查意见完善扰动图斑遥感解译结果。数据格式及命名方式应满足“水土保持监督管理信息移动采集系统”录入要求。

2）面向对象分类方法

(1) 利用面向对象分类软件对遥感影像进行图斑分割，得到生产建设项目扰动图斑矢量文件。矢量文件格式及命名方式同上。建立属性字段，属性字段见附录 5。

(2) 参考解译标志提取生产建设项目扰动图斑，得到监管区域扰动图斑初步结果，解译结果及命名规则同上。

(3) 对图斑勾绘及属性录入成果进行抽查审核。

(4) 根据审核检查意见完善扰动图斑遥感解译结果。数据格式及命名方式应满足“水土保持监督管理信息移动采集系统”要求。

4.2.5.3　成果要求

(1) 原则上，最小成图面积≥4.0 mm^2 的扰动地块均可以开展遥感解译，而成图面积≥1.0 cm^2 的扰动地块均必须解译出来，特定目标监管可根据遥感影像分辨率与实际应用需求进行适当调整。遥感影像空间分辨率与扰动地块最小面积对应关系参见表 4-3。

表 4-3　遥感影像空间分辨率与扰动地块面积对应关系表

遥感影像空间分辨率(m)	可解译的最小扰动地块面积(m^2)	必须解译的最小扰动地块面积(m^2)
≤1.0	100	2 500
≤2.5	400	10 000
≤5.0	2 500	62 500
≤10.0	10 000	250 000

(2) 影像上同一扰动地块(包括内部道路、施工营地等)应勾绘在同一图斑内。

(3) 将弃渣场作为一种扰动形式单独解译。

(4) 解译扰动图斑边界相对于处理后的遥感影像上的同名地物点位移不应大于 1 个像素(参照 TD/T 1010—2015)。

(5) 数据格式及命名方式应满足“水土保持监督管理信息移动采集系统”的录入要求。

(6) 完成扰动图斑解译后,抽取 10%的成果图斑进行审查,若图斑的边界和属性准确率<90%,则需重新对全部扰动图斑进行解译。

4.2.6　扰动图斑更新

4.2.6.1　工作内容

基于监管区域上一期扰动图斑解译成果,利用本期遥感影像,采取人机交互解译法对扰动图斑进行动态更新,更新频次每年至少应开展 1 次;有条件的,可采用变化检测等自动/半自动方法进行扰动图斑更新解译。

4.2.6.2　技术流程

1) 复制上一期扰动图斑解译成果,按照 4.2.5 节中扰动图斑矢量文件的方式进行命名。

2) 采用人机交互解译方法,对发生变化的扰动图斑进行边界勾绘。

在扰动图斑更新解译过程中,存在扰动图斑扩大、图斑缩小、图斑新增、图斑停止扰动等 4 种基本情况。对于图斑扩大和图斑缩小,在原图斑上根据遥感影像按照 4.2.5 节要求对边界进行调整;对于新增扰动,按照 4.2.5 节要求进行新增图斑的勾绘。

3）属性信息的填写

变化图斑的编号规则参照附录5中的要求填写；与上一期扰动图斑属性信息对比，本期扰动图斑矢量图层还需要填写“扰动变化”字段信息。“扰动变化”字段属性值有“新增扰动”、“扰动范围扩大”、“扰动范围缩小”、“扰动范围不变”或“不再扰动”，其判定规则如下：

（1）若某个扰动图斑在上一期不存在，但在本期解译结果中出现，则判定为“新增扰动”。

（2）若某个扰动图斑在上一期和本期解译结果中都存在，当图斑扩大时，判定为“扰动范围扩大”；当图斑缩小时，判定为“扰动范围缩小”；当图斑大小不变时，判定为“扰动范围不变”。

（3）若某个扰动图斑在上一期存在，但在本期遥感影像上不存在，而且经过现场复核项目已经竣工，则判定为“不再扰动”。

4）对人工勾绘结果进行检查，并根据检查意见进行修改完善。

4.2.6.3　成果要求

成果要求参照4.2.5.3节。

4.2.7　合规性初步分析

4.2.7.1　工作内容

对满足防治责任范围矢量化要求的项目进行合规性初步分析，将监管区域扰动图斑矢量图（用“Y”表示，虚线）与防治责任范围矢量图（用“R”表示，实线）进行空间叠加分析，初步判定生产建设项目的扰动合规性。

4.2.7.2　技术流程

利用GIS软件空间叠加分析工具，对监管区域生产建设项目水土流失防治责任范围矢量图与扰动图斑矢量图进行空间叠加分析，扰动合规性初步分析结果包括以下几种情况（图4-2）：

（1）扰动图斑包含防治责任范围或扰动图斑与防治责任范围相交，初步判定为“疑似超出防治责任范围”。

（2）只有扰动图斑可以将扰动合规性初步判定为两种情况：①疑似未批先建；②疑似建设地点变更。

（3）只有防治责任范围的项目可能存在三种情况：①项目未开工；②项目

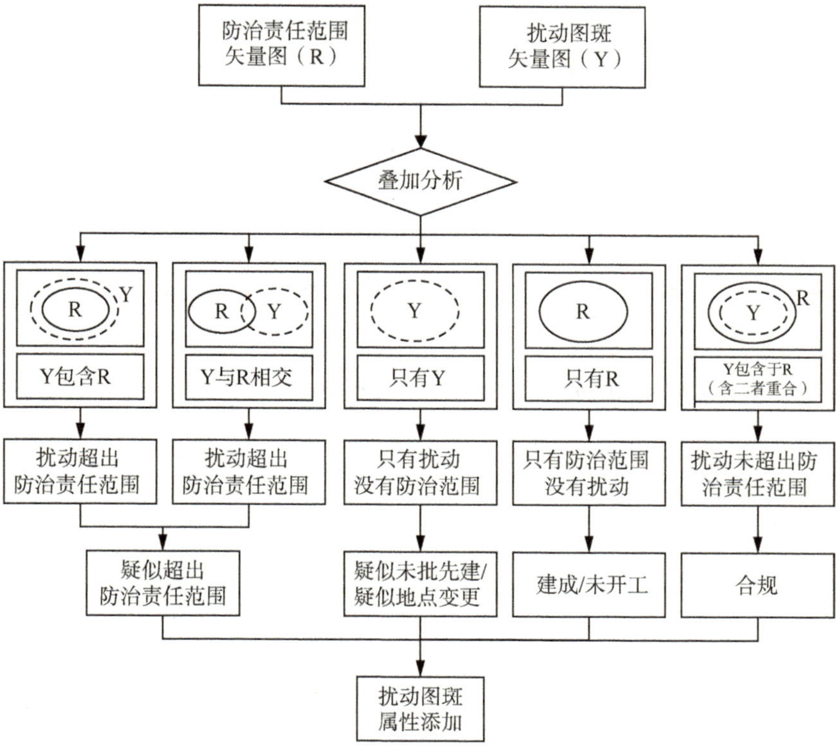

图 4-2　合规性初步分析技术路线图

已完工；③疑似建设地点变更。进行合规性初步分析时，判定为“合规”[①]。

（4）扰动图斑包含于防治责任范围，初步判定为“合规”。

4.2.8　现场复核

4.2.8.1　现场复核对象与内容

（1）现场复核对象

现场复核对象是指监管区域内合规性初步分析结果大于 1 hm^2 的“疑似未批先建”、“疑似超出防治责任范围”和“疑似建设地点变更”的全部扰动图斑。

（2）现场调查复核内容

通过现场复核，对复核对象的有关信息进行现场采集，包括以下几方面：

①扰动图斑所属生产建设项目名称、建设单位、目前是否编报水土保持

① 注：对于地点变更的项目，可以在第（2）种情况中发现，因此，第（3）种情况可以在“合规性初步分析”阶段判定为“合规”。若在后期的现场复核阶段发现存在“建设地点变更”的情况，再对属性进行修改。

方案。

②是否为其他项目超出批复防治责任范围的扰动部分。

③是否为已经批复但建设地点变更的项目。

④是否存在设计变更及其变更报备情况。

⑤收集相关佐证材料。

⑥生产建设项目水土保持工作其他相关内容。

⑦非生产建设项目扰动图斑应记录实际现场土地利用类型。

4.2.8.2　技术流程

现场复核主要采用“水土保持监督管理信息移动采集系统”开展，包括以下三个工作环节：

(1) 现场复核资料准备

需准备表 4-4 所列的数据资料并导入移动采集系统中。

表 4-4　移动采集系统需要导入的工作数据清单

编号	名称
1	监管区域遥感影像数据包
2	扰动图斑数据包
3	防治责任范围图矢量数据包

(2) 现场复核

主要工作内容包括对疑似违规生产建设项目和扰动图斑开展实地调查、收集相关证明材料、拍摄调查现场照片、填写生产建设项目现场复核信息表(附录8)。工作流程及要求如下：

①导航至指定图斑位置。

②进行现场调查，了解项目基本情况和建设情况，检查项目水土保持工作及存在的问题，收集项目水土保持相关资料和证明材料。

③如果存在某个扰动图斑包含多个项目、扰动图斑临近有漏分图斑等问题，需要进行标注。

④每个扰动图斑至少包含 1 张全景照片和一些局部照片，全景照片需标注拍摄地点和拍摄区域。如果扰动图斑内不同区域的施工阶段不一致，应拍摄不同施工阶段区域的现场照片。

(3) 现场复核资料整理

经过内部审核后可将现场调查数据直接上传至“水土保持监督管理信息移动采集系统”后台服务器端数据管理平台。

4.2.9 成果修正

根据现场复核成果，对遥感解译的扰动图斑及上图后的防治责任范围图矢量数据的空间特征和属性信息进行修正和完善，包括：

(1) 删除误判为生产建设项目扰动图斑的其他图斑。

(2) 将属于同一个生产建设项目的多个空间相邻的扰动图斑合并，弃渣场图斑单独存放。

(3) 将属于两个及以上不同生产建设项目的单个扰动图斑，按照各个生产建设项目边界分割成多个扰动图斑。

(4) 根据现场复核成果，补充完善扰动图斑矢量图和生产建设项目防治责任范围矢量图的相关属性信息。

(5) 按照附录 8 的要求对合并和分割处理的图斑编号进行修改。

4.3 成果整编与审核评价

对区域监管成果进行整理分析，并完成系统录入工作。

4.3.1 成果整理分析

(1) 编写总结报告

对生产建设项目水土保持信息化区域监管进行总结（总结报告提纲见附录 10-1），主要总结内容包括工作开展情况、成果分析等。

总结报告命名为“＊＊省＊＊市＊＊县 XXXX 年第 QQ 期生产建设项目水土保持信息化区域监管总结报告.docx”。

(2) 成果整理

将生产建设项目水土保持信息化区域监管成果资料进行整理，并按照以下存储方式进行存储。

第一层目录“＋＋＋区域监管成果”，“＋＋＋”为监管区域名称；

第二层目录按照图 4-3 中的方式存储数据。其中，镶嵌线矢量文件存放在“遥感影像”文件夹下。

4.3.2 审核与入库

4.3.2.1 成果审核

依据监管目标和应用需求，检查所有成果的正确性、规范性和一致性，成果质

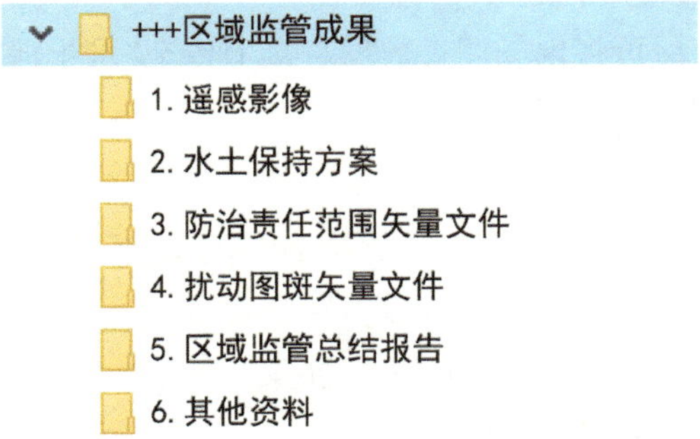

图 4-3　生产建设项目水土保持信息化区域监管成果目录

量审核抽查率要求≥10%，各项检查内容合格率要求≥90%。具体检查内容如下：

（1）遥感影像

遥感影像包括基础控制数据及辅助资料质量检查、正射纠正质量检查、配准精度检查、融合效果和镶嵌质量检查。

（2）扰动图斑解译

扰动图斑解译包括整体性检查、最小扰动图斑面积检查、图斑界线勾绘准确性检查、漏判和误判图斑检查、图斑编号唯一性检查、拓扑关系与属性表内容检查。

（3）防治责任范围矢量化

防治责任范围矢量化包括整体性检查、防治责任范围矢量化时图斑界线勾绘准确性检查、矢量化准确性检查、漏勾绘或误勾绘检查与属性表内容检查。

（4）现场复核成果

现场复核成果包括移动采集设备资料完整性检查、监管项目信息记录表检查等。

（5）生产建设项目水土保持信息化区域监管总结报告的审核。

4.3.2.2　录入系统

将生产建设项目水土保持信息化区域监管成果录入全国水土保持信息管理系统，需要录入系统的成果清单详见表 4-5。

表 4-5　生产建设项目水土保持信息化区域监管成果录入清单

序号	成果内容		格式
1	遥感影像		TIFF
2	遥感影像镶嵌线文件		SHP
	扰动图斑矢量图		SHP
	防治责任范围矢量图		SHP
3	水土保持方案资料	生产建设项目汇总表	Excel
		水土保持方案	Word 或者 PDF
		方案批复文件	PDF
		方案特性表	PDF
		防治责任范围	SHP、DWG 或 JPG
4	区域监管总结报告		Word
5	其他成果资料		

4.3.2.3　总体质量评价

对总体质量进行评价，具体质量指标及评分标准见表 4-6。

表 4-6　生产建设项目水土保持信息化区域监管总体质量评价表

序号	评分内容	分值	评分标准
1	资料收集与整理	10	根据水土保持方案齐全性、资料整理规范性进行打分。齐全、规范的得 8～10 分；一般的得 4～7 分；差的得 0～3 分
2	设计资料矢量化	20	随机抽取 10%的项目，对其水土流失防治责任范围矢量化进行属性信息及边界信息的准确率检查。优：16～20 分；良：11～15 分；中：6～10 分；差：0～5 分
3	遥感影像处理	10	随机抽取遥感影像，对其进行检查。优：8～10 分；一般的得 4～7 分；差的得 0～3 分
4	扰动图斑解译与更新	20	根据解译图斑的齐全性、准确性，边界勾绘、属性信息填写的规范性与完整性进行评分。优：16～20 分；良：11～15 分；中：6～10 分；差：0～5 分
5	现场复核	20	根据现场复核数量、现场照片（是否反映现场情况）、复核表格进行评分。优：16～20 分；良：11～15 分；中：6～10 分；差：0～5 分
6	入库资料	20	根据数据入库资料进行评分。优：16～20 分；良：11～15 分；中：6～10 分；差：0～5 分

5 项目监管

5.1 资料准备

5.1.1 资料收集整理

5.1.1.1 收集资料内容

收集资料内容包括本底资料收集和年度更新资料收集两部分。本底资料是指各级水行政主管部门首次开展信息化项目监管工作时收集的历年批复的生产建设项目水土保持方案资料[含方案报告书(报批稿)、报告表、登记表、批复文件、防治责任范围图、水土保持措施布局图、水土流失防治分区图等资料]、后续设计资料(初步设计报告水土保持篇章、水土保持施工图等资料)、监测资料[监测实施方案、监测季度报告(表)、监测年度报告等资料]、监理资料(监理规划报告、监理实施方案、监理专题报告、监理定期报告等资料)及水行政主管部门对生产建设项目的历次监督检查资料等。

年度更新资料是指建立本底数据库后,每年新增的生产建设项目水土保持方案、后续设计、监测、监理及监督检查等相关资料。

5.1.1.2 资料整理要求

对上述资料进行整理，并建立生产建设项目汇总表(表 5-1)。

电子资料以其原格式存储;纸质版资料要求扫描方案特性表、防治责任范围图、水土保持措施布局图、水土流失防治分区图、水土保持方案批复文件、生产建设项目设计资料、监测资料、监理资料等。图件资料需彩色扫描,分辨率为 300 dpi,清晰无变形,以 JPG 格式存储;文字资料扫描后清晰可辨,以 PDF 格式存储。

表 5-1 ＊＊＊[①]项目监管的生产建设项目资料汇总表

填表单位： 年 月 日

序号	项目名称	批复文号	审批单位	备注
1				
2				
……	……	……	……	……

填表人： 审核人：

① ＊＊＊代表监管级别,如填写“广东省”“广东省广州市”。

资料整理成果分级存放目录如下：

1）一级目录

命名方式：＊＊＊项目监管的生产建设项目汇总资料。

2）二级目录

本目录下包括生产建设项目汇总表和三级目录。三级目录以“批复文号＋年度顺序号＋项目名称”的方式命名。

3）三级目录

本目录下包含以下资料：

(1) 水土保持方案报批稿，命名方式：“批复文号＋生产建设项目名称＋FA”，格式：PDF 或 Word。

(2) 防治责任范围图、水土保持措施布局图、水土流失防治分区图，命名方式分别为：“批复文号＋生产建设项目名称＋FW”“批复文号＋生产建设项目名称＋CS”“批复文号＋生产建设项目名称＋FQ”，格式：SHP、DWG 或 JPG。

(3) 批复文件，命名方式：“批复文号＋生产建设项目名称＋PF”，格式：PDF。

(4) 水土保持方案工程特性表，命名方式：“批复文号＋生产建设项目名称＋TX”，格式：PDF。

(5) 将生产建设项目后续设计资料、监测资料、监理资料、水行政主管部门历次对生产建设项目进行检查的书面资料分别存储在相关文件夹下。文件夹的命名方式分别为：“生产建设项目名称＋后续设计资料”“生产建设项目名称＋监测资料”“生产建设项目名称＋监理资料”“生产建设项目名称＋检查资料”。命名时，如批复文号和项目名称中存在“/”“〔〕”特殊符号导致无法保存的情况，可将特殊符号删除，并新增备注文件进行说明。

5.1.2　设计资料矢量化

5.1.2.1　工作内容

将生产建设项目设计资料（所有项目均需要水土流失防治责任范围图，重点项目除水土流失防治责任范围图外，还包括水土保持措施布局图及水土流失防治分区图等设计图件）进行空间化和图形化处理，获得具有空间地理坐标信息和属性信息的矢量图件。

5.1.2.2 技术流程

(1) 设计图件空间文件的获取

防治责任范围、水土保持措施布局、水土流失防治分区等设计图件主要有纸质扫描图、DWG 格式图以及控制点坐标等多种类型。各类型设计图件空间文件的获取流程可参照 4.1.2 节。

(2) 属性信息录入

建立防治责任范围矢量图文件属性表(属性表结构见附录 2-1),录入项目名称、建设单位、批复机构、批复文号、批复时间、防治责任面积等属性信息。

建立水土保持措施布局图文件属性表(属性表结构见附录 2-2),录入项目名称、批复文号、分区名称、措施类型、措施名称、工程量、总体实施进度等属性信息。

建立水土流失防治分区图矢量文件属性表(属性表结构见附录 2-3),录入项目名称、批复文号、分区名称、占地面积等属性信息;对于项目涉及多个弃渣场的,需分别录入每个弃渣场的占地面积、设计弃土方量等属性信息。

其他后续设计的相关图件矢量化流程及矢量文件属性表结构参照上述要求开展。

5.1.2.3 成果要求

(1) 矢量化后的资料应选取不少于 2 个特征点进行精度检查,特征点相对于遥感影像上同名地物点偏差不应大于 1 个像元。

(2) 防治责任范围 Shapefile 格式的矢量数据以"FZ_ * *项目"方式命名。其中,"* *项目"表示项目名称;水土保持措施 Shapefile 格式的矢量数据以"CS_ * *项目"的方式命名;防治分区 Shapefile 格式的矢量数据以"FQ_ * *项目"的方式命名。

5.2 遥感监管

5.2.1 工作目标

利用遥感影像对生产建设项目开展遥感监管,掌握项目扰动合规性、水土保持方案落实及变更情况等,实现"全覆盖、高频次"监管。

5.2.2 遥感影像收集

5.2.2.1 遥感影像数据

应根据调查成果的精度要求,选择适宜的遥感影像类型与空间分辨率。不同成图比例尺与遥感影像空间分辨率的对应关系见表 5-2。

表 5-2 不同成图比例尺与遥感影像空间分辨率对应关系表

序号	成图比例尺	遥感影像空间分辨率
1	1∶5 000	优于 1 m
2	1∶10 000	优于 2.5 m
3	1∶25 000	优于 5 m
4	1∶50 000	优于 16 m

5.2.2.2 影像时相与技术要求

影像时相与技术要求参照 4.2.2.2 和 4.2.2.3 节。

5.2.3 遥感影像处理

遥感影像处理要求参照 4.2.3 节，遥感影像成果和镶嵌线文件命名方式如下：

（1）遥感影像成果命名

覆盖项目区的遥感影像成果以“XXXXXX_YYYYQQ_＊＊项目.TIFF”方式命名。其中，“XXXXXX”为不同监管级别的行政区划代码，以国家统计局网站公布的最新行政代码为准，如水利部监管项目填写 000000，广东省水行政主管部门监管项目填写 440000，广州市水行政主管部门监管项目填写 440100；“YYYYQQ”表示 YYYY 年开展第 QQ 期生产建设项目水土保持监管工作；“＊＊项目”表示项目名称，如广东省广州市花都区 2016 年开展第二期＊＊项目监管工作使用的遥感影像命名方式为“440114_201602_＊＊项目.TIFF”。

如遥感影像覆盖整个行政区，遥感影像成果命名参照 4.2.3 节。

（2）镶嵌线文件命名为：“XQX_XXXXXX_YYYYQQ_＊＊项目”。“XQX”为“镶嵌线”拼音首字母；“XXXXXX”为不同监管级别的行政区划代码，以国家统计局网站公布的最新行政代码为准，如水利部监管项目填写 000000，广东省水行政主管部门监管项目填写 440000，广州市水行政主管部门监管项目填写 440100；“YYYYQQ”表示 YYYY 年开展第 QQ 期生产建设项目水土保持监管工作；“＊＊项目”表示项目名称。

如遥感影像覆盖整个行政区，镶嵌线成果命名参照 4.2.3 节。

5.2.4 解译标志建立

5.2.4.1 工作内容

根据遥感影像特征和野外现场调查结果，建立不同类型生产建设项目扰动状况遥感解译标志和水土保持措施遥感解译标志，生产建设项目类型解译标志技术流程和成果要求参照 4.2.4.2 和 4.2.4.3 节。

5.2.4.2　水土保持措施遥感解译标志建立技术流程

(1) 选取生产建设项目不同类型的水土保持措施,开展现场调查。

(2) 选择现场拍摄的照片,在遥感影像上标记照片拍摄的地点。

(3) 按照要求截取遥感影像和照片,填写生产建设项目水土保持措施遥感解译标志图斑编号、位置、影像特征等信息,解译标志的样例见附录 4-2。

5.2.4.3　水土保持措施遥感解译标志建立成果要求

(1) 解译标志应包含所有生产建设项目水土保持措施类型。

(2) 每种类型水土保持措施的解译标志不少于 2 套。

(3) 每套解译标志包含 1 张实地照片和对应的遥感影像,遥感影像上标注照片拍摄区域。

5.2.5　高频次遥感普查

5.2.5.1　工作内容

利用 8～16 m 的中等空间分辨率遥感数据，每年开展不少于 2 次的遥感普查,初步掌握所有项目建设状态和扰动状况。

5.2.5.2　技术流程

1) 图斑勾绘、属性录入及动态更新

根据遥感影像特征,以先验知识和遥感解译标志作为参考,人机交互勾绘生产建设项目扰动图斑,完成属性录入工作。根据实际监管需求对更新的项目区影像开展扰动图斑更新解译工作。

(1) 建立生产建设项目扰动图斑矢量文件(Polygon),将该矢量文件以“PC_RDTB_XXXXXX_YYYYQQ_＊＊项目”方式命名。“PC”为“普查”拼音首字母;“RDTB”为“扰动图斑”拼音首字母;“XXXXXX”为不同监管级别的行政区划代码;“YYYYQQ”表示 YYYY 年开展的第 QQ 期扰动图斑解译工作;＊＊项目表示项目名称。

(2) 建立高频次遥感普查扰动图斑矢量文件属性表,其结构与区域监管扰动图斑矢量图属性表结构一致(见附录 5)。

(3) 参考解译标志,利用遥感或者 GIS 等软件勾绘监管区域的扰动图斑,并初步判断、填写扰动图斑的相关属性信息。扰动图斑勾绘时,结合收集的生产建设项目设计资料、监测资料、监理资料及水行政主管部门对生产建设项目的历次检查资料,参考防治责任范围,对项目扰动范围进行勾绘,并进行属性录入。

(4) 对解译成果进行抽查审核。

(5) 根据审核检查意见完善扰动图斑遥感解译结果。

(6) 根据实际监管需求对更新的项目区影像开展扰动图斑更新解译工作,更新解译工作技术流程可参考 4.2.7 节。

2) 合规性初步分析

合规性初步分析技术流程可参考 4.2.8 节,分析结果包括"合规""疑似超出防治责任范围""疑似建设地点变更"。

5.2.5.3　成果要求

遥感解译成果要求参见 4.2.5.3 节。

5.2.6　高精度遥感详查

5.2.6.1　工作内容

根据高频次遥感普查、历年监督检查情况等确定的水土流失影响较大、实际扰动范围超出批复防治责任范围较多的重点项目,采用高分辨率遥感影像(优于 2.5 m)每年开展不少于 1 次的高精度遥感详查,掌握项目水土保持变更、水土保持措施落实及取(弃)土场等情况。

5.2.6.2　技术流程

1) 图斑勾绘、属性录入及动态更新

根据遥感影像特征,以先验知识和遥感解译标志作为参考,人机交互勾绘生产建设项目扰动范围图斑和水土保持措施图斑,完成属性录入工作。根据实际监管需求对更新的项目区影像开展扰动范围图斑和水土保持措施图斑更新解译工作。

(1) 建立项目监管扰动范围图斑(Polygon)矢量文件和水土保持措施图斑(Polygon)矢量文件。将扰动范围图斑矢量文件以"XC_RDTB_XXXXXX_YYYYQQ_∗∗项目"的方式命名。"XC"为"详查"拼音首字母;"RDTB"为"扰动图斑"拼音首字母;"XXXXXX"为不同监管级别的行政区划代码;"YYYYQQ"表示 YYYY 年开展的第 QQ 期扰动图斑解译工作;"∗∗项目"表示项目名称。将水土保持措施图斑矢量文件以"XC_SBCS_XXXXXX_YYYYQQ_∗∗项目"的方式命名。"XC"为"详查"拼音首字母;"SBCS"为"水保措施"拼音首字母;"XXXXXX"为不同监管级别的行政区划代码;"YYYYQQ"表示 YYYY 年开展的第 QQ 期水土保持措施解译工作;"∗∗项目"表示项目名称。

（2）建立扰动范围图斑和水土保持措施图斑矢量文件属性表，扰动范围图斑矢量文件属性表结构见附录6，水土保持措施图斑矢量文件属性表结构见附录7。

（3）参考解译标志，利用遥感或者GIS等软件，结合收集的生产建设项目设计资料、监测资料、监理资料及水行政主管部门对生产建设项目的历次检查资料勾绘项目区扰动范围图斑和水土保持措施图斑，并初步判断、填写相关属性信息，并进行属性录入工作。

（4）对解译成果进行抽查审核。

（5）根据审核检查意见完善图斑遥感解译结果。

（6）根据实际监管需求对更新的项目区影像开展扰动图斑更新解译工作，更新解译工作技术流程可参考4.2.7节。

2）合规性详查

结合防治责任范围、水土保持措施布局、水土流失防治分区等矢量图文件，对监管项目的扰动范围图斑和水土保持措施图斑开展合规性详查，判定生产建设项目扰动范围和水土保持措施的合规性。

利用GIS软件的测量、统计、汇总等工具，对监管项目的扰动范围图斑和水土保持措施图斑解译结果进行统计分析，并结合防治责任范围、水土保持措施布局、水土流失防治分区等矢量图文件以及其他设计资料，开展项目的合规性详查，就项目的扰动范围和水土保持措施实施情况是否达到《水利部生产建设项目水土保持方案变更管理规定（试行）》进行判别。

（1）扰动范围图斑合规性

①根据批复方案的项目区概况、水土保持防治区划分图等资料，判别项目扰动范围是否涉及国家级和省级水土流失重点预防区或者重点治理区。

②判别项目扰动范围与防治责任范围相比是否增加30％以上。

③根据批复方案的项目区概况等资料，判别线型工程山区、丘陵区部分横向位移超过300 m的长度累计是否达到该部分线路长度的20％以上。

④判别项目区施工道路或者伴行道路等长度是否增加20％以上。

⑤判别项目区桥梁改路堤或者隧道改路堑累计长度是否达到20 km以上。

⑥判断疑似启用的弃渣场是否为批复方案确定的存放地。

（2）水土保持措施图斑合规性

①判别完工项目的植物措施总面积与批复的面积相比是否减少30％以上。

②判别弃渣场以及监督检查意见和方案中确定的高陡边坡、敏感点等重要单位工程措施体系是否发生变化，导致水土保持功能显著降低或丧失。

5.3 监管信息现场采集

5.3.1 工作目标

利用遥感监管成果，采用移动采集系统对重点项目水土保持情况开展现场调查、复核，判定生产建设项目水土保持方案落实情况；针对监督检查意见和方案中确定的高陡边坡、重要取(弃)土场等存在水土流失隐患的重点部位，通过无人机航摄成果进行水土保持信息定量采集及调查取证。

5.3.2 无人机调查取证

5.3.2.1 工作内容

根据无人机航摄的项目区高分辨率影像(DOM)、三维实景、数字表面模型(DSM)等数据，提取重点部位扰动范围、水土保持措施工程量、取(弃)土场位置、取(弃)土量、重点区域坡度、坡长、水土流失危害面积等信息；通过与水土保持方案中的设计数据进行对比，判定项目水土保持疑似违规内容。

5.3.2.2 技术流程及成果要求

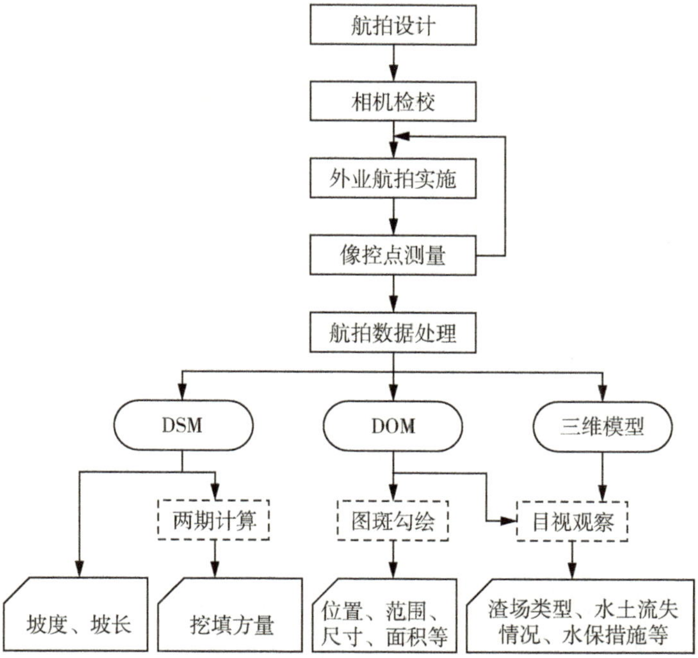

图 5-1 无人机航摄与信息提取工作流程

1）无人机航摄与数据生成

具体技术流程及成果精度要求参照《低空数字航空摄影测量外业规范》(CH/Z 3004—2010)、《低空数字航空摄影规范》(CH/Z 3005—2010)、《低空数字航空摄影测量内业规范》(CH/Z 3003—2010)、《数字测绘成果质量检查与验收》(GB/T 18316—2008)等相关规范执行。

2）图斑勾绘、属性录入及动态更新

根据遥感影像特征，以先验知识和遥感解译标志作为参考，人机交互勾绘重点部位扰动范围图斑和水土保持措施图斑，完成属性录入工作。根据实际监管需求对更新的项目区无人机影像开展扰动范围图斑和水土保持措施图斑更新解译工作。

(1) 建立项目监管扰动范围图斑(Polygon)矢量文件和水土保持措施图斑(Polygon)矢量文件。将扰动范围图斑矢量文件以“WRJ_RDTB_XXXXXX_YYYYQQ_＊＊项目”的方式命名。“WRJ”为“无人机”拼音首字母；“RDTB”为“扰动图斑”拼音首字母；“XXXXXX”为不同监管级别的行政区划代码；“YYYYQQ”表示YYYY年开展的第QQ期扰动图斑解译工作；“＊＊项目”表示项目名称。将水土保持措施图斑矢量文件以“WRJ _SBCS_XXXXXX_YYYYQQ_＊＊项目”命名。“WRJ”为“无人机”拼音首字母；“SBCS”为“水保措施”拼音首字母；“XXXXXX”为不同监管级别的行政区划代码；“YYYYQQ”表示YYYY年开展的第QQ期水土保持措施解译工作；“＊＊项目”表示项目名称。

(2) 建立扰动范围图斑和水土保持措施图斑矢量文件属性表，扰动范围图斑矢量文件属性表结构见附录6，水土保持措施图斑矢量文件属性表结构见附录7。

(3) 参考解译标志，利用遥感或者GIS等软件，结合收集的生产建设项目设计资料、监测资料、监理资料及水行政主管部门对生产建设项目的历次检查资料勾绘项目区扰动范围图斑和水土保持措施图斑，并初步判断、填写相关属性信息。

(4) 对解译成果进行抽查审核。

(5) 根据审核检查意见完善图斑遥感解译结果。

(6) 根据实际监管需求对更新的项目区影像开展扰动图斑更新解译工作，更新解译工作技术流程参考4.2.7节。

3）合规性分析

结合防治责任范围、水土保持措施布局、水土流失防治分区等矢量图文件，对监管项目重点部位的扰动范围图斑和水土保持措施图斑开展合规性详查，判定生产建设项目扰动范围和水土保持措施的合规性。合规性分析的具体技术流程参考 5.2.6 节。

5.3.3　现场调查复核

5.3.3.1　现场调查复核对象和内容

将遥感监管成果及无人机航摄成果数据部署到移动采集系统，利用移动采集系统开展现场调查，对生产建设项目信息进行现场采集复核。包括以下内容：

1）现场调查复核对象

现场复核对象为开展高精度遥感详查的重点项目，重点项目的数量应不少于本级管理的在建生产建设项目数量的 20%。

2）现场调查复核内容

对复核对象的有关信息进行现场采集，包括以下内容：

（1）水土保持方案变更情况：项目所在地点、规模是否发生重大变更。

（2）表土剥离、保存和利用情况：对生产建设项目所占用土地的地表土是否进行了剥离、保存、利用。

（3）取（弃）土场选址及防护情况：是否按照批复水土保持方案的要求设置取（弃）土场；是否按照“先拦后弃”的要求进行堆弃，取（弃）土场的各类水土保持措施是否及时到位；弃渣工艺是否合理，是否做到逐级堆弃、分层碾压。

（4）水土保持措施落实情况：已完工项目植物措施总面积是否减少 30%以上；是否存在水土保持重要单位工程措施体系发生变化，可能导致水土保持功能显著降低或丧失的情况。

（5）历次检查整改落实情况：是否按照各级监管部门以往提出的监督检查意见，落实整改措施。

（6）生产建设项目水土保持工作其他相关内容。

5.3.3.2　技术流程

现场复核主要采用“水土保持监督管理信息移动采集系统”开展，包括以下三个工作环节：

1）现场复核资料准备

需准备表 5-3 所列的数据资料并导入移动采集系统中。

表 5-3　移动采集系统需要导入的工作数据清单

编号	名称
1	项目区高精度遥感影像及无人机航摄影像数据包
2	矢量化后的设计资料数据包
3	高精度遥感详查成果数据包
4	无人机调查成果数据包

2）现场复核

主要工作内容包括对重点项目水土保持措施落实情况开展实地调查、收集相关证明材料、拍摄调查现场照片、填写生产建设项目现场复核信息表（附录9）。工作流程及要求如下：

（1）导航至指定图斑位置。

（2）进行现场调查，了解项目基本情况和建设情况，检查项目水土保持工作及存在的问题，收集项目水土保持相关资料和证明材料。

（3）填写生产建设项目现场复核信息表。在填写过程中，对项目扰动图斑是否包含多个项目及临近区域有无漏分图斑等情况进行检查，如有，需在生产建设项目现场复核信息表上填写相关信息或者进行备注。每个扰动图斑至少包含 1 张全景照片和一些局部照片，全景照片需标注拍摄地点和拍摄区域。如果扰动图斑内不同区域的施工阶段不一致，应拍摄不同施工阶段区域的现场照片。

3）现场复核资料整理

经过内部审核后将现场调查数据直接上传至后台的服务器端数据管理平台。

5.3.4　成果修正

根据现场监管成果，对遥感解译成果及设计资料矢量化成果的空间信息和属性信息进行修正和完善，包括以下内容：

（1）删除误判为生产建设项目范围、弃渣场、水土保持措施等图斑的其他图斑。

（2）将属于两个及以上不同生产建设项目的单个图斑，按照各个生产建设项目边界分割成多个图斑。

（3）根据现场监管成果，补充完善遥感解译成果[扰动范围、取（弃）土场、水保措施]及设计资料矢量化成果的相关属性信息。

(4) 对合并和分割处理的图斑编号进行修改。

5.4 成果整编与审核评价

5.4.1 成果整理分析

(1) 编写总结报告

对生产建设项目水土保持信息化项目监管进行总结(总结报告提纲见附录10-2),主要总结内容包括工作开展情况、成果分析等。

总结报告命名方式为"+++(监管级别)XXXX 年第 QQ 期生产建设项目水土保持信息化项目监管总结报告.docx"。

(2) 成果整理

将生产建设项目水土保持信息化项目监管成果进行整理,并按照以下存储方式进行存储。

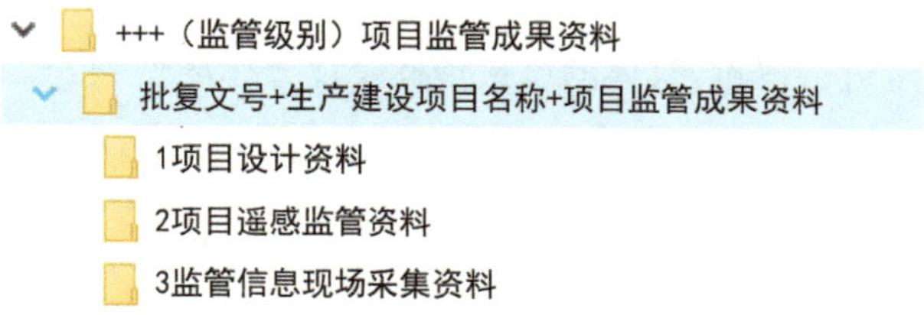

图 5-2 生产建设项目水土保持信息化项目监管成果目录

第一层目录为"+++(监管级别)生产建设项目水土保持监管成果资料","+++"为监管级别;

第二层目录为"批复文号+生产建设项目名称+项目监管成果资料";

第三层目录按照图 5-2 中的方式存储数据。

5.4.2 审核与入库

5.4.2.1 成果审核

依据监管目标和应用需求,检查所有成果的正确性、规范性和一致性,成果质量审核抽查率要求≥10%,各项检查内容合格率要求≥90%。具体检查内容如下:

(1) 遥感影像

遥感影像包括基础控制数据及辅助资料质量检查、正射纠正质量检查、配准精度检查、融合效果和镶嵌质量检查。

(2) 解译成果数据

解译成果数据包括整体性检查、最小图斑面积检查、图斑界线勾绘准确性检查、漏判和误判图斑检查、图斑编号唯一性检查、拓扑关系与属性表内容检查。

(3) 设计资料矢量化数据

设计资料矢量化数据包括整体性检查、设计资料矢量化时图斑界线勾绘准确性检查、上图准确性检查、漏或误勾绘检查与属性表内容检查。

(4) 现场监管成果

现场监管成果包括资料完整性检查、监管项目信息记录表检查。

(5) 生产建设项目水土保持信息化项目监管总结报告的审核。

5.4.2.2 录入系统

将生产建设项目水土保持信息化项目监管成果录入全国水土保持信息管理系统,需要录入系统的成果清单详见表 5-4。

(1) 总体质量评价

对总体质量进行评价,具体的质量指标及评分标准见表 5-5。

表 5-4 生产建设项目水土保持信息化项目监管成果录入清单

<table>
<tr><th colspan="3">成果内容</th><th>格式</th></tr>
<tr><td rowspan="14">批复文号
+
生产建设项目名称</td><td colspan="2">遥感影像及无人机影像</td><td>TIFF</td></tr>
<tr><td rowspan="4">矢量文件</td><td>遥感影像镶嵌线文件</td><td>SHP</td></tr>
<tr><td>设计资料矢量图(含防治责任范围图、水土保持防治分区图、水保措施布局图等资料)</td><td>SHP</td></tr>
<tr><td>扰动范围矢量图</td><td>SHP</td></tr>
<tr><td>水土保持措施分布矢量图</td><td>SHP</td></tr>
<tr><td rowspan="5">生产建设项目资料</td><td>水土保持方案资料</td><td>Word、PDF 或 JPG</td></tr>
<tr><td>后续设计资料</td><td>Word、PDF 或 JPG</td></tr>
<tr><td>监测资料</td><td>Word、PDF 或 JPG</td></tr>
<tr><td>监理资料</td><td>Word、PDF 或 JPG</td></tr>
<tr><td>监督检查资料</td><td>Word、PDF 或 JPG</td></tr>
<tr><td rowspan="3">现场复核成果</td><td>现场复核信息表</td><td>Word 或 Excel</td></tr>
<tr><td>现场照片</td><td>JPG</td></tr>
<tr><td>现场复核其他文件</td><td>Word、PDF 或 JPG</td></tr>
<tr><td colspan="2">其他成果资料</td><td>Word、PDF 或 JPG</td></tr>
<tr><td colspan="3">项目监管总结报告</td><td>Word</td></tr>
</table>

表 5-5　生产建设项目水土保持信息化项目监管总体质量评价表

序号	评分内容	分值	评分标准
1	资料收集与整理	10	根据设计资料齐全性、整理规范性进行打分。齐全、规范的得 8～10 分；一般的得 4～7 分；差的得 0～3 分
2	设计资料矢量化	20	随机抽取 10%的项目，对设计资料矢量化成果的属性信息及边界信息准确率进行检查。优：16～20 分；良：11～15 分；中：6～10 分；差：0～5 分
3	遥感影像处理	10	随机抽取遥感影像，对其进行检查。优：8～10 分；一般的得 4～7 分；差的得 0～3 分
4	遥感普查与详查成果	20	根据扰动范围、水土保持措施等扰动图斑解译的齐全性、准确性，边界勾绘、属性信息填写的规范性与完整性进行评分。优：16～20 分；良：11～15 分；中：6～10 分；差：0～5 分
5	监管信息现场采集	20	根据现场复核数量、现场照片(是否反映现场情况)、复核表格、无人机及解译成果进行评分。优：16～20 分；良：11～15 分；中：6～10 分；差：0～5 分
6	入库资料	20	根据数据入库资料进行评分。优：16～20 分；良：11～15 分；中：6～10 分；差：0～5 分

6　附件

附录 1　生产建设项目分类表

序号	生产建设项目类型	序号	生产建设项目类型
1	公路工程	19	露天非金属矿
2	铁路工程	20	井采煤矿
3	涉水交通工程	21	井采金属矿
4	机场工程	22	井采非金属矿
5	火电工程	23	油气开采工程
6	核电工程	24	油气管道工程
7	风电工程	25	油气储存与加工工程
8	输变电工程	26	工业园区工程
9	其他电力工程	27	城市轨道交通工程
10	水利枢纽工程	28	城市管网工程
11	灌区工程	29	房地产工程
12	引调水工程	30	其他城建工程
13	堤防工程	31	林浆纸一体化工程

续表

序号	生产建设项目类型	序号	生产建设项目类型
14	蓄滞洪区工程	32	农林开发工程
15	其他小型水利工程	33	加工制造类项目
16	水电枢纽工程	34	社会事业类项目
17	露天煤矿	35	信息产业类项目
18	露天金属矿	36	其他行业项目

说明：

1. 公路工程：包括高速公路、国道、省道、县道、乡村道路等。

2. 铁路工程：包括单线、复线（改扩建）工程和城际高速铁路等。

3. 涉水交通工程：包括各类港口、码头（包括专业装卸货码头）、跨海（江、河）大桥与隧道、海堤防等工程。

4. 机场工程：包括大型民用机场、支线机场、军民共用机场等。

5. 火电工程：指利用煤、石油、天然气或其他燃料的化学能来生产电能的工程，如燃煤发电厂、燃油发电厂、燃气发电厂及利用余热、余压、城市垃圾、工业废料、煤矸石（石煤、油母页岩）、煤泥、生物质、农林废弃物、煤层气、沼气、高炉煤气等生产电力热力的工程。

6. 核电工程：指利用核能产生电能的新型发电站工程。

7. 风电工程：指将风能转换成电能并通过输电线路送入电网的工程。

8. 输变电工程：指由各种电压等级的输电线路和变电站组成的工程。

9. 其他电力工程：包括太阳能发电厂、潮汐发电厂等其他电力工程。

10. 水利枢纽工程：指为满足各项水利工程兴利除害目标，在河流或渠道适宜地段修建的不同类型水工建筑物的综合体，包括无坝引水枢纽、有坝引水枢纽、蓄水枢纽（水库枢纽），不包括以水力发电为主要目标的水电枢纽工程。

11. 灌区工程：指由灌溉渠首工程（或者水源取水工程）、灌排渠道、渠系建筑物及灌区各种附属设施组成的有机综合体。

12. 引调水工程：指采用现代工程技术，从水源地通过取水建筑物、输水建筑物引水和调水至需水地的一种水利工程。

13. 堤防工程：包括新建、加固、扩建、改建堤防工程（不包括海堤防工程）。

14. 蓄滞洪区工程：指在蓄滞洪区内建设的各种分洪、蓄洪或滞洪相关水利工程综合体。

15. 其他小型水利工程：除上述水利枢纽、灌区、引调水、堤防、蓄滞洪区工程之外的其他小型水利工程，如河道整治工程、小型农田水利工程、水质净化和污水处理工程等。

16. 水电枢纽工程：包括坝式水电站、引水式水电站、混合式水电站和抽水蓄能电站等工程。

17. 露天煤矿：指露天开采的煤矿工程及其配套的洗选工程、排土场、矸石场等。

18. 露天金属矿：指露天开采的金属矿及其配套的洗选矿设施、尾矿库、排土场等，如贵重金属矿（金、银、铂等）、有色金属矿（铜、铅、锌、铝、镁、钨、锡、锑等）、黑色金属矿（铁、锰、铬等）、稀有金属矿（钽、铌等）、放射性金属矿（铀、钍）等。

19. 露天非金属矿：指露天开采的非金属矿及其配套的洗选矿设施、尾矿库、排土场等，如冶金用非金属矿、化工用非金属矿、建材及其他非金属矿，以及水泥熟料项目、粉磨站项目和水泥厂项目等水泥工程。

20. 井采煤矿：指地下开采的煤矿工程及其配套的洗选工程、排土场、矸石场等。

21. 井采金属矿：指地下开采的金属矿及其配套的洗选矿设施、尾矿库、排土场等，如贵重金属矿（金、银、铂等）、有色金属矿（铜、铅、锌、铝、镁、钨、锡、锑等）、黑色金属矿（铁、锰、铬等）、稀有金属矿（钽、铌等）、放射性金属矿（铀、钍）、稀土矿等。

22. 井采非金属矿：指地下开采的非金属矿及其配套的洗选矿设施、尾矿库、排土场等，如冶金用非金属矿、化工用非金属矿、建材及其他非金属矿。

23. 油气开采工程：指石油、天然气等油气田开采工程。

24. 油气管道工程：指输送石油、天然气的管道运输工程，如天然气管道工程、原油管道工程、成品油管道工程等。

25. 油气储存与加工工程：指石油、天然气储存和加工相关工程，如石油储备基地、天然气储备基地、石油天然气储备基地以及石油加工厂、炼油厂、石油化工厂、天然气加工厂、天然气处理厂、液化天然气加工厂等工程。

26. 工业园区工程：指建设工业园区所涉及的“五通一平”等相关工程。

27. 城市轨道交通工程：指在城市地下隧道或从地下延伸至地面(高架桥)运行的电动快轨道公共交通工程，如地铁、轻轨等工程。

28. 城市管网工程：包括城市供水、排水(雨水和污水)、燃气、热力、电力、通信、广播电视、工业等管线管道及其附属设施等工程。

29. 房地产工程：包括居住区建设项目和公用建筑项目。居住区建设项目包括住宅建设工程，居住区公共服务设施建设工程，居住区绿化工程，居住区内道路工程，居住区内给水、污水、雨水和电力管线工程；公用建筑项目包括行政办公、商业金融及其他公共设施建设工程等。

30. 其他城建工程：包括城镇道路，位于城市内或者周边的各类工业建设项目(煤焦化、煤液化、煤气化、煤制电石等煤化工工程)，城市公园建设工程，经济开发区、高新技术开发区、科技园区等开发区建设等。

31. 林浆纸一体化工程：包括纸浆生产和林纸原料基地等工程。

32. 农林开发工程：包括集团化陡坡(山地)开垦种植、定向用材料开发、规模化农林开发、开垦耕地、炼山造林、南方地区规模化经济果木林开发等工程。

33. 加工制造类项目：指对采掘业产品和农产品等原材料进行加工，或对工业产品进行再加工和修理，或对零部件进行装配的工业类建设项目，如冶金工程(含钢铁厂)、机械制造厂、化学品生产制造厂、木材加工厂、建筑材料生产厂、纺织厂、食品加工厂、皮革制造厂等。

34. 社会事业类项目：包括教育、文化、卫生、计生、广播电视、残联、体育、旅游等部门的建设项目，如各类学校建设工程、文化娱乐公共设施建设工程、各种医院建设工程、广播电视设施建设工程、体育场馆建设工程、旅游景区建设工程等。

35. 信息产业类项目：包括通信设备，广播电视设备，电子计算机、软件、家电、电子测量仪器，电子工业专用设备，电子元器件、电子信息机电产品、电子信息专用材料等生产制造和集成装配厂建设工程以及各类数据中心、云中心、大数据中心或者基地等的建设工程。

36. 其他行业项目：指除上述35类工程项目之外的建设工程项目。

附录 2-1　防治责任范围矢量图属性表结构

序号	字段意义	Shapefile 字段名
1	项目名称	PRNM
2	建设单位	DPOZ
3	项目类型	PRTYPE
4	批复机构	SEAA
5	批复文号	SANUM
6	批复时间	SADT
7	责任面积	DAREA
8	组成部分	PART
9	面积	PAREA
10	备注	NOTE

说明：

1. 项目名称：指某一生产建设项目的正式名称，以水土保持方案批复文件为准。

2. 建设单位：指某一工程项目的投资主体或投资者，以水土保持方案批复文件为准。

3. 项目类型：指某一工程项目所属的行业类型，具体参考附录1。

4. 批复机构：指批复某一工程项目水土保持方案的水行政主管部门。

5. 批复文号：指水行政主管部门批复的文号。

6. 批复时间：指批复文件下达的时间。

7. 责任面积：指水行政主管部门批复的水土保持方案中某工程项目的防治责任范围面积。

8. 组成部分：指项目的各个组成部分，如"路基区""桥梁区""施工便道区""弃渣场""取土场""尾矿库""贮灰场"等。如果某组成部分有多个多边形，则应进行编号，例如"弃渣场1#""弃渣场2#"。

9. 面积：指项目各个组成部分独立多边形的图上面积。

10. 备注：主要填写弃渣场的设计容量、取土场的设计取土量，以及其他需要特别说明的内容。某项目防治责任范围为示意性上图，也应该在备注中标注"示意性上图"。

附录 2-2　水土保持措施布局矢量图属性表结构

序号	字段意义	Shapefile 字段名
1	项目名称	PRNM
2	批复文号	SANUM
3	分区名称	PANM
4	措施类型	MT
5	措施工程名称	CSNM
6	措施工程单位	DW
7	工程量	MAREA
8	总体实施进度	JD
9	备注	PS

说明：

1. 项目名称：指某一生产建设项目的正式名称，以水土保持方案批复文件为准。

2. 批复文号：指水行政主管部门批复的文号。

3. 分区名称：指水土流失防治责任分区名称，如"主体工程区""施工生活区"等。

4. 措施类型：指设计水土保持措施的类型，包括"工程措施"、"植物措施"和"临时措施"。

5. 措施工程名称：指各类型措施的具体名称，包括拦渣工程、斜坡防护工程、土地整治工程、防洪排导工程、降水蓄渗工程、临时艻护工程、植被建设工程、防风固沙工程等。

6. 措施工程单位：指不同类型水土保持措施工程的计量单位，包括数量、长度、面积等单位。

7. 工程量：指设计的水土保持措施的工程量。

8. 总体实施进度：指设计的各分区的水土保持措施的工程实施进度。

9. 备注：其他需要特别说明的内容；如果该项目的表土剥离等水土保持措施为示意性上图，也需要在备注中进行说明。

附录 2-3　水土流失防治分区矢量图属性表结构

序号	字段意义	Shapefile 字段名
1	项目名称	PRNM
2	批复文号	SANUM
3	分区名称	FWNM
4	占地面积	MAREA
5	弃渣场名称	QZNM
6	弃渣场占地面积	QZMAREA
7	设计弃土量	QTL
8	备注	PS

说明：

1. 项目名称：指某一生产建设项目的正式名称，以水土保持方案批复文件为准。
2. 批复文号：指水行政主管部门批复的文号。
3. 分区名称：指批复水土保持方案确定的防治分区的名称，如项目涉及多级分区，应新增“一级分区名称”“二级分区名称”等字段，并注明各级分区的名称。
4. 占地面积：指防治分区的设计占地面积，如项目涉及多级分区，应新增“一级分区占地面积”“二级分区占地面积”等字段，并注明各级分区的面积。
5. 弃渣场名称：指水土保持方案中的弃渣场名称。
6. 弃渣场占地面积：指水土保持方案中设计的弃渣场的占地面积。
7. 设计弃土量：指水土保持方案中设计的弃土方量。
8. 备注：其他需要特别说明的内容；如果该项目取（弃）土场为示意性上图，需要在备注中进行说明；如项目为线型项目，需要被备注中说明施工道路（伴行道路）、桥梁、隧道的长度。

附录 3　镶嵌线矢量图属性表结构

序号	字段意义	Shapefile 字段名
1	成像时间	TIME
2	遥感影像名称	NAME
3	备注	NOTE

说明：

1. 成像时间：指某一景影像的成像时间。
2. 遥感影像名称：该遥感影像对应的原始遥感影像的名称。
3. 备注：需要填写的关于遥感影像的其他信息。

附录 4-1　生产建设项目类型解译标志

编号		项目类型	
扰动类型			
项目名称			
调查日期	年　月　日	建设状态	
详细地址	县(区、旗)　镇(街道)　村(路)		

	(1) 照片拍摄位置经纬度： 经度：　°　′　″ 纬度：　°　′　″； (2) 照片拍摄时间：XX 点 XX 分
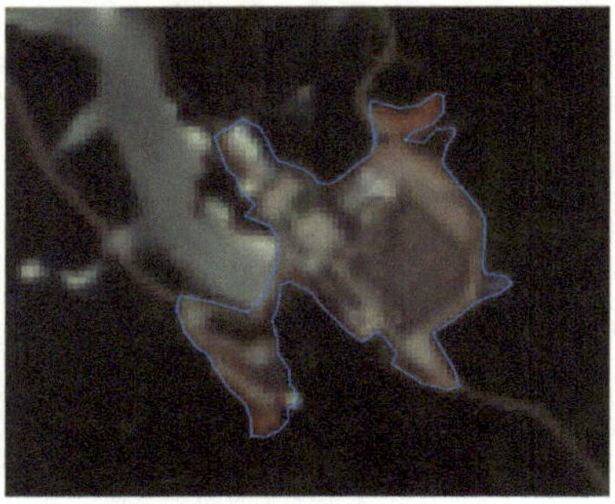	(1) 中分辨率影像类型：填写遥感影像数据名称； (2) 中分辨率影像成像时间：****年**月**日； (3) 中分辨率影像空间分辨率：**m； (4) 中分辨率影像特征：描述影像色调、纹理、形状等相关特征
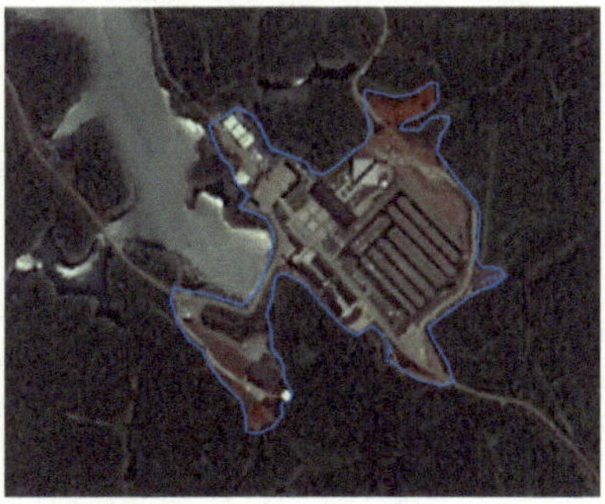	(1) 高分辨率影像类型：填写遥感影像数据名称； (2) 高分辨率影像成像时间：****年**月**日； (3) 高分辨率影像空间分辨率：**m； (4) 高分辨率影像特征：描述影像色调、纹理、形状等相关特征

说明：

1. 编号：按照“LX—***”的格式进行编号，“LX”代表生产建设项目类型，“***”表示流水号，按照解译标志建立的顺序进行编号，从 001 开始。
2. 项目类型：工程项目所属的行业类型，具体参考附录 1。
3. 扰动类型：填写弃渣(砂、石、土、矸石、尾矿、废渣)场及其他扰动等。

4. 调查日期：与照片拍摄时间一致，按照“2016 年 5 月 16 日”的格式填写。
5. 建设状态：填写施工(含建设生产类项目运营期施工)、停工、完工。
6. 经度、纬度：填写拍照地点的经纬度信息。
7. 遥感影像截图大小为 5.5 cm×6.8 cm，点型扰动图斑要求全部纳入截图并占图幅大部分，并处于中间位置，线型工程可截取典型区段；遥感影像截图上包含照片拍摄区域(黑色扇形区域，顶点为拍摄地点)和图斑边界。
8. 实地照片可选择全景照片之一，放入解译标志表格中，照片高度设为 5.5 cm×6.8 cm。

附录 4-2 生产建设项目水土保持措施解译标志

编号		项目类型	
水土保持措施类型			
项目名称			
调查日期	年 月 日	建设状态	
经度	° ′ ″	纬度	° ′ ″
详细地址	县(区、旗) 镇(街道) 村(路)		
影像类型		空间分辨率	＊＊m
影像合成方式			
影像特征			

说明：
1. 编号：解译标志的顺序编号。
2. 项目类型：工程项目所属的行业类型，具体参考附录 1。
3. 扰动类型：填写弃渣(砂、石、土、矸石、尾矿、废渣)场及其他扰动等。
4. 调查日期：与照片拍摄时间一致，按照“2016 年 5 月 16 日”的格式填写。
5. 建设状态：填写施工(含建设生产类项目运营期施工)、停工、完工。
6. 经度、纬度：填写拍照地点的经纬度信息。
7. 影像类型：填写卫星和传感器名称，如“高分一号多光谱”“Landsat8 卫星 TM”。
8. 影像合成方式：填写截图中遥感影像的波段合成方式，如“红、绿、蓝真彩色合成”。
9. 影像特征：主要描述影像色调、纹理、形状等相关特征。
10. 遥感影像截图大小为 5.5 cm×6.8 cm，点型扰动图斑要求全部纳入截图并占图幅大部分，并处于中间位置，线型工程可截取典型区段；遥感影像截图上包含照片拍摄区域(黑色扇形区域，顶点为拍摄地点)和图斑边界。
11. 实地照片可选择全景照片之一，放入解译标志表格中，照片高度设为 5.5 cm×6.8 cm。

附录 5　区域监管扰动图斑矢量图属性表结构

序号	字段意义	Shapefile 属性名
1	图斑编号	QDNM
2	扰动图斑类型	QTYPE
3	扰动面积	QAREA
4	建设状态	QDCS
5	扰动变化类型	QDTYPE
6	扰动合规性	BYD
7	复核状态	RST
8	项目名称	PRNM
9	建设单位	DPOZ
10	项目类型	PRTYPE
11	备注	NOTE

说明：

1. 图斑编号：指扰动地块的编号，按照下列规则进行编号。

扰动图斑矢量文件中“图斑编号”字段以“YYYYMM_XXXXXX_TTTT”的方式命名。其中，前 6 位“YYYYMM”表示 YYYY 年 MM 月成像遥感影像解译得到的扰动图斑；中间 6 位“XXXXXX”为扰动图斑所在县级行政区的行政区划代码；后 4 位“TTTT”从 0000－9999，按照图中从上到下、从左到右的顺序依次编号。具体情况如下：

①利用 YYYY 年 MM 月成像的遥感影像解译发现的新图斑，则按照从上到下、从左到右的原则依次命名为“YYYYMM_XXXXXX_0001”“YYYYMM_XXXXXX_0002”。

②连续多期都存在的图斑，无论图斑扩大或缩小，编号始终为该图斑在最早一期遥感影像上解译出时的编号。

③若某个旧图斑分为几个新图斑，则分出的几个图斑编号按照新增图斑处理，旧图斑编号相应删除。

④几个旧图斑合并为一个图斑，合并后的图斑编号也按照新增图斑处理。

2. 扰动图斑类型：包括弃渣场及其他扰动等。

3. 扰动面积：指扰动地块的面积。

4. 建设状态：指扰动地块所处的施工阶段，分为“施工”(含建设生产类项目运营期施工)、“停工”、“完工”；如扰动图斑在第一期进行遥感解译时存在，第二期遥感解译时发现该图斑已经完工，则在该图斑的“建设状态”属性中注明“完工”，并在第三期解译时删除该图斑。

5. 扰动变化类型：指扰动地块相对于前一次遥感监管时的变化类型，包括“新增”“扰动范围扩大”“扰动范围缩小”“扰动范围不变”“不再扰动”等。

6. 扰动合规性：指某生产建设项目扰动是否符合水土保持有关规定。

7. 复核状态：指某扰动地块是否进行过现场复核，包括“是”“否”。

8. 项目名称：指某一生产建设项目的正式名称，如果已经批复水土保持方案，则以水土保持方案批复文件为准。

9. 建设单位：指某一工程项目的投资主体或投资者，如果已经批复水土保持方案，以水土保持方案批复文件为准。

10. 项目类型：指某一工程项目所属的行业类型，具体参考附录 1。

11. 备注：指与扰动地块相关的其他需要特别说明的内容。

附录6 项目监管扰动范围图斑矢量图属性表结构

序号	字段意义	Shapefile 属性名
1	图斑编号	QDNM
2	扰动图斑类型	QTYPE
3	扰动面积	QAREA
4	建设状态	QDCS
5	扰动变化类型	QDTYPE
6	扰动范围是否涉及两区	BYD-1
7	扰动范围是否增加30%以上	BYD-2
8	横向位移长度累计是否达到20%以上	BYD-3
9	施工道路长度是否增加20%以上	BYD-4
10	桥梁改路堤或者隧道改路堑累计长度是否达到20 km以上	BYD-5
11	疑似启用的弃渣场是否为批复方案确定的存放地	BYD-6
12	复核状态	RST
13	项目名称	PRNM
14	建设单位	DPOZ
15	项目类型	PRTYPE
16	备注	NOTE

说明：

1. 图斑编号：指扰动地块的编号，按照下列规则进行编号。

扰动图斑矢量文件中"图斑编号"字段以"YYYYMM_XXXXXX_TTTT"的方式命名。其中，前6位"YYYYMM"表示YYYY年MM月成像遥感影像解译得到的扰动图斑；中间6位"XXXXXX"为扰动图斑所在县级行政区的行政区划代码；后4位"TTTT"从0000－9999，按照图中从上到下、从左到右的顺序依次编号。具体情况如下：

①利用YYYY年MM月成像的遥感影像解译发现的新图斑，则按照从上到下、从左到右的原则依次命名为"YYYYMM_XXXXXX_0001""YYYYMM_XXXXXX_0002"。

②连续多期都存在的图斑，无论图斑扩大或缩小，编号始终为该图斑在最早一期遥感影像上解译出时的编号。

③若某个旧图斑分为几个新图斑，则分出的几个图斑编号按照新增图斑处理，旧图斑编号相应删除。

④某几个旧图斑合并为一个图斑，合并后的图斑编号也按照新增图斑处理。

2. 扰动图斑类型：包括弃渣场及其他扰动等。

3. 扰动面积：指扰动地块的面积。

4. 建设状态：指扰动地块所处的施工阶段，分为"施工"（含建设生产类项目运营期施工）、"停工"、"完工"；如扰动图斑在第一期进行遥感解译时存在，第二期遥感解译时发现该图斑已经完工，则在该图斑的"建设状态"属性中注明"完工"，并在第三期解译时删除该图斑。

5. 扰动变化类型：指扰动地块相对于前一次遥感监管时的变化类型，包括"新增""扰动范围扩大""扰动范围缩小""扰动范围不变""完工"等。

6. 扰动范围是否涉及两区：指根据批复方案的项目区概况、水土保持防治区划分图等资料，判别项目扰动范围是否涉及国家级和省级水土流失重点预防区或者重点防治区。

7. 扰动范围是否增加30%以上：指项目扰动范围与防治责任范围相比是否增加30%以上。

8. 横向位移长度累计是否达到20%以上：指根据批复方案的项目区概况等资料，判别线型工程山区、丘陵区部分横向位移超过300 m的长度累计是否达到该部分线路长度的20%以上。

9. 施工道路长度是否增加20%以上：指项目区施工道路或者伴行道路等长度是否增加20%以上。

10. 桥梁改路堤或者隧道改路堑累计长度是否达到20 km以上：指项目区桥梁改路堤或者隧道改路堑累计长度是否达到20 km以上。

11. 疑似启用的弃渣场是否为批复方案确定的存放地：判断疑似启用的弃渣场是否为批复方案确定的存放地。

12. 复核状态：指某扰动地块是否进行过现场复核，包括"是""否"。

13. 项目名称：指某一生产建设项目的正式名称，如果已经批复水土保持方案，则以水土保持方案批复文件为准。

14. 建设单位：指某一工程项目的投资主体或投资者，如果已经批复水土保持方案，以水土保持方案批复文件为准。

15. 项目类型：指某一工程项目所属的行业类型，具体参考附录1。

16. 备注：其他需要特别说明的内容。包括涉及的两区名称、项目的扰动范围、线型工程山区、丘陵区部分横向位移的长度、区施工道路或者伴行道路的长度、桥梁改路堤或者隧道改路堑的累计长度、扰动图斑对应的弃渣场的名称和占地面积等。

附录7　项目监管水土保持措施图斑矢量图属性表结构

序号	字段意义	Shapefile字段名
1	项目名称	PRNM
2	批复文号	SANUM
3	分区名称	PANM
4	措施类型	MT
5	措施名称	CSNM
6	措施工程量单位	DW
7	工程量	MAREA
8	实施进度	JD
9	措施合规性-1	CS-1
10	措施合规性-2	CS-2
11	备注	PS

说明：

1. 项目名称：指某一生产建设项目的正式名称，以水土保持方案批复文件为准。

2. 批复文号：指水行政主管部门批复的文号。

3. 分区名称：指水土流失防治责任分区名称，如"主体工程区""施工生活区"等。

4. 措施类型：指解译的水土保持措施类型，包括"工程措施"、"植物措施"和"临时措施"。

5. 措施名称：指解译的各类型措施的具体名称，包括拦渣工程、斜坡防护工程、土地整治工程、防洪排导工程、降水蓄渗工程、临时防护工程、植被建设工程、防风固沙工程等。

6. 措施工程量单位：指解译的不同类型水土保持措施工程的计量单位，包括数量、长度、面积等单位。

7. 工程量：指解译的水土保持措施的工程量。

8. 实施进度：指解译的各分区的水土保持措施的工程实施进度。

9. 措施合规性-1：指完工项目的植物措施总面积与批复的面积相比是否减少30%以上，如项目正在施工中，该处留空白。

10. 措施合规性-2：指弃渣场以及监督检查意见和方案中确定的高陡边坡、敏感点等重要单位工程措施体系是否发生变化，导致水土保持功能显著降低或丧失，如果存在多处违规，应分别勾绘违规图斑，并逐个说明。

11. 备注：其他需要特别说明的内容。如有以往各级监管部门提出的监督检查意见，需将意见及整改落实情况进行简要说明。

附录 8　区域监管——生产建设项目现场复核信息表

<table>
<tr><td colspan="7">省(自治区、直辖市)地区(市、州、盟)县(区、市、旗)</td></tr>
<tr><td rowspan="3" colspan="2">项目基本信息</td><td>项目名称</td><td colspan="4"></td></tr>
<tr><td>建设单位</td><td colspan="4"></td></tr>
<tr><td>项目类型</td><td colspan="2"></td><td>防治责任范围(hm^2)</td><td></td></tr>
<tr><td rowspan="2" colspan="2">项目位置</td><td>详细地址</td><td colspan="4">街道(镇)　路(村)　号</td></tr>
<tr><td>经纬度</td><td>经度</td><td></td><td>纬度</td><td></td></tr>
<tr><td rowspan="2" colspan="2">水土保持工作信息</td><td>批复情况</td><td colspan="2">☐ 是　☐ 否</td><td>批复文号</td><td></td></tr>
<tr><td>批复时间</td><td colspan="2"></td><td>审批机构</td><td></td></tr>
<tr><td rowspan="4">图斑信息</td><td>图斑编号</td><td>扰动合规性</td><td>扰动图斑类型</td><td>建设状态</td><td>扰动变化类型</td><td>照片编号</td></tr>
<tr><td></td><td>☐ 合规　☐ 未批先建
☐ 超出防治责任范围
☐ 建设地点变更</td><td>☐弃渣场
☐其他扰动</td><td>☐施工
☐停工
☐完工</td><td>☐新增　☐停工
☐扰动范围扩大
☐扰动范围缩小
☐扰动范围不变</td><td></td></tr>
<tr><td></td><td>☐ 合规　☐ 未批先建
☐ 超出防治责任范围
☐ 建设地点变更</td><td>☐弃渣场
☐其他扰动</td><td>☐施工
☐停工
☐完工</td><td>☐新增　☐停工
☐扰动范围扩大
☐扰动范围缩小
☐扰动范围不变</td><td></td></tr>
<tr><td></td><td>☐ 合规　☐ 未批先建
☐ 超出防治责任范围
☐ 建设地点变更</td><td>☐弃渣场
☐其他扰动</td><td>☐施工
☐停工
☐完工</td><td>☐新增　☐停工
☐扰动范围扩大
☐扰动范围缩小
☐扰动范围不变</td><td></td></tr>
<tr><td colspan="2">备注</td><td colspan="5"></td></tr>
<tr><td colspan="2">项目联系人</td><td></td><td>联系方式</td><td></td><td>传　　真</td><td></td></tr>
<tr><td colspan="2">现场复核人</td><td></td><td>时　　间</td><td></td><td>联系方式</td><td></td></tr>
</table>

说明：

1. 每个生产建设项目填写一份，表中各项指标原则上不得空缺，没有则填写“无”。

2. 项目位置：点型工程填写代表项目中心的地址和经纬度；线型工程需填写现场复核区段的地址和经纬度。

3. 项目类型：按照生产建设项目分类表(附录 1)填写。

4. 图斑信息：只有 1 个图斑的，填写 1 行；包含多个图斑的，按图斑个数填写多行。

5. 扰动合规性、扰动图斑类型、建设状态、扰动变化类型：根据现场复核结果，勾选扰动合规性选项。

6. 图斑编号：填写每个图斑在现场复核工作底图中的编号；对于现场调查复核发现而室内未解译出的扰动图斑，图斑编号按照编号原则续编。

7. 照片编号：为某图斑现场拍摄照片编号，以起始照片和终止照片编号表示，中间以“—”相连，如起始照片编号为“100”、终止照片编号为“120”，则应填写“100—120”。

8. 备注：填写现场复核工作中调查获得的其他相关重要信息；对误判为生产建设项目的扰动图斑，在备注处填写该地块土地利用类型；如果现场复核的图斑按照 4.2.9 节的要求进行了成果修正，则需要在备注中加以说明，记录修正的图斑编号及修改情况。

附录 9　项目监管——生产建设项目现场复核信息表

<table>
<tr><td colspan="6">省(自治区、直辖市)　　地区(市、州、盟)　　县(区、市、旗)</td></tr>
<tr><td rowspan="3">项目基本信息</td><td>项目名称</td><td colspan="4"></td></tr>
<tr><td>建设单位</td><td colspan="4"></td></tr>
<tr><td>项目类型</td><td></td><td>防治责任范围(hm^2)</td><td colspan="2"></td></tr>
<tr><td rowspan="2">项目位置</td><td>详细地址</td><td colspan="4">街道(镇)　　路(村)　　号</td></tr>
<tr><td>经纬度</td><td>经度</td><td></td><td>纬度</td><td></td></tr>
<tr><td rowspan="2">水土保持工作信息</td><td>批复情况</td><td>□ 是　□ 否</td><td>批复文号</td><td colspan="2"></td></tr>
<tr><td>批复时间</td><td></td><td>审批机构</td><td colspan="2"></td></tr>
<tr><td>主体工程建设进展</td><td colspan="5">□ 施工　　□ 停工　　□ 完工</td></tr>
<tr><td>水土保持方案变更情况</td><td colspan="5">□扰动区域涉及国家和省级两区　□ 扰动面积与防治责任范围相比增加 30%以上　□ 线型工程山区、丘陵区位移超过 300 m 长度累计达到 20%　□ 施工道路或伴行道路等长度增加 20%以上　□桥梁改路堤或者隧道改路堑累计长度达到 20 km 以上　□ 扰动区域无上述变更情况</td></tr>
<tr><td>表土剥离、保存和利用情况</td><td colspan="5">□是　□否　对项目占用土地的地表土进行剥离、保存、利用</td></tr>
<tr><td>取(弃)土场情况</td><td colspan="5">□是　□否 按照批复水土保持方案的要求设置取(弃)土场；
□是　□否 按照“先拦后弃”的要求进行堆弃；
各类水土保持措施□是　□否及时到位；
□是　□否做到逐级堆弃、分层碾压</td></tr>
<tr><td>水保措施落实情况</td><td colspan="5">□植物措施总面积减少 30%以上　□ 重要单位工程措施体系发生变化，可能导致水保功能显著降低或丧失□ 措施已基本落实</td></tr>
<tr><td>历次检查整改落实情况</td><td colspan="5">□是　□否　按照各级监管部门以往提出的监督检查意见，落实整改措施</td></tr>
<tr><td>备注</td><td colspan="5"></td></tr>
<tr><td colspan="2">项目联系人</td><td>联系方式</td><td></td><td>传　真</td><td></td></tr>
<tr><td colspan="2">现场复核人</td><td>时　间</td><td></td><td>联系方式</td><td></td></tr>
</table>

说明：

1. 每个生产建设项目填写一份，表中各项指标原则上不得空缺，没有则填写“无”；

2. 项目位置：点型工程填写代表项目中心的地址和经纬度，线型工程需填写现场复核区段的地址和经纬度；

3. 项目类型：按照生产建设项目分类表(附录 1)填写。

附录 10　总结报告参考提纲

附录 10-1　生产建设项目水土保持信息化区域监管总结报告

一、工作概述

1.1　目标

1.2　工作任务

1.3　总体技术路线

1.4　实施依据

二、组织实施

2.1　组织机构

2.2　组织实施形式

2.3　质量管理

三、监管区域概况

3.1　自然概况

3.2　社会经济情况

3.3　水土保持状况

四、工作开展情况

4.1　资料收集与处理(含水土保持方案与遥感影像)

4.2　设计资料矢量化

4.3　解译标志建立

4.4　扰动图斑遥感勾绘及属性录入(扰动图斑更新)

4.5　现场复核

4.6　成果修正

4.7　成果总结与审核入库情况分析

五、成果分析

5.1　生产建设项目分析

5.2　生产建设项目扰动状况与合规性初步分析

六、经验及存在问题与建议

6.1　主要经验

6.2　存在问题

6.3　建议

七、附图及附表

(1) 监管区域遥感影像图(叠加镶嵌线矢量文件,显示成像时间)

(2) 扰动图斑分布图(与生产建设项目防治责任范围图叠加)

(3) 生产建设项目防治责任范围分布图

(4) 扰动图斑信息化监管成果统计表(含图斑编号、位置、面积、方案编制情况等信息，格式见表 1)

(5) 区域监管生产建设项目现场复核汇总表(含扰动图斑影像及现场照片)

(6) 解译标志表以及监管成果相关统计图表。

表 1　区域生产建设项目扰动图斑信息化监管成果统计表

图斑编号	位置	扰动面积	建设状态	扰动变化类型	扰动合规性	复核状态	项目名称	建设单位	项目类型	备注

说明：表 1 为附录 5 中生产建设项目扰动图斑矢量图的属性表，其填写方式与附录 5 一致。备注中可记录扰动地块中需要特别说明的内容，如水土保持方案编制情况等。

附录 10-2　生产建设项目水土保持信息化项目监管总结报告

一、工作概述

1.1　目标

1.2　工作任务

1.3　总体技术路线

1.4　实施依据

二、组织实施

2.1　组织机构

2.2　组织实施形式

2.3　质量管理

三、项目所在区域概况

3.1　自然概况

3.2　社会经济情况

3.3　水土保持状况

四、工作开展情况

4.1　资料收集与处理(含遥感影像与设计资料)

4.2　解译标志建立

4.3　高频次遥感普查

4.4　高精度遥感详查

4.5　现场监管与调查结果修正

4.6　成果总结与审核入库

五、成果分析

六、经验及存在问题与建议

6.1　主要经验

6.2　存在问题

6.3　建议

七、附图及附表

(1) 监管项目遥感影像图(叠加镶嵌线矢量文件,显示成像时间)。

(2) 扰动范围图斑、水土保持措施解译分布图(与生产建设项目设计资料叠加)。

(3) 生产建设项目设计资料矢量图。

(4) 生产建设项目扰动范围图斑表(见附录6)、水土保持措施表(见附录7)。

(5) 生产建设项目现场复核信息表(含扰动图斑影像及现场照片)。

(6) 解译标志表以及监管成果相关统计图表。